C语言程序设计项目化教程
（第2版）

主　编　王艳娟　崔　敏　宋丽玲
副主编　张玉叶　李　超

北京理工大学出版社
BEIJING INSTITUTE OF TECHNOLOGY PRESS

内 容 简 介

本书按照职业岗位需求，结合高职生学习特点，以学生为主体、教师为主导，以岗位能力设计教学模块，采用"教、学、做"一体教学方法，教学内容秉承"理论够用、重在实践"的原则进行设计，依据"项目引领，任务驱动"将 C 语言的基础知识、控制语句、数组、函数、指针、结构体以及文件等内容进行重构，设计了"ATM 自助存取款机"和"学籍管理系统"两个典型教学项目。

本书可作为电子与信息大类、装备制造大类相关专业的专业基础课程教材，零基础或者有一定基础的人员均可使用。

版权专有　侵权必究

图书在版编目（CIP）数据

C 语言程序设计项目化教程 / 王艳娟，崔敏，宋丽玲主编． -- 2 版． -- 北京：北京理工大学出版社，2023.10
ISBN 978 - 7 - 5763 - 2942 - 1

Ⅰ．①C… Ⅱ．①王… ②崔… ③宋… Ⅲ．①C 语言 - 程序设计 - 高等职业教育 - 教材 Ⅳ．①TP312.8

中国国家版本馆 CIP 数据核字（2023）第 192139 号

责任编辑：王玲玲	文案编辑：王玲玲
责任校对：刘亚男	责任印制：施胜娟

出版发行 / 北京理工大学出版社有限责任公司
社　　址 / 北京市丰台区四合庄路 6 号
邮　　编 / 100070
电　　话 /（010）68914026（教材售后服务热线）
　　　　　（010）68944437（课件资源服务热线）
网　　址 / http://www.bitpress.com.cn

版 印 次 / 2023 年 10 月第 2 版第 1 次印刷
印　　刷 / 三河市天利华印刷装订有限公司
开　　本 / 787 mm×1092 mm　1/16
印　　张 / 13.75
字　　数 / 308 千字
定　　价 / 65.00 元

图书出现印装质量问题，请拨打售后服务热线，负责调换

前言

C语言作为一种长盛不衰的程序设计语言,从产生到现在始终深受广大编程爱好者的喜爱,几乎所有的高职院校都将C语言作为典型计算机教学语言。

C语言规则概念较多,对于一般初学者来说不易掌握。本书依据职业岗位需求,结合高职学生学习特点,按照"做中学,学中做"理论,立足于"教、学、做"一体,秉承"理论够用,重在实践"理念,打破传统"章、节"编写模式,遵循学生认知规律,采用"以项目为载体,以任务为驱动"的编写体系,将职业标准、岗位技能、专业知识、思政元素有机结合,做到职业性与理论性并重,知识性与趣味性结合,融知识、技能、素养于一体,使读者较好地掌握C语言程序设计基本知识,培养C语言编程技能,养成良好的编码习惯,为后续课程学习夯实职业素养基础。

本书主要编写特色如下:

1. 重构教学内容,符合新时代课堂教学

课程组与企业、后续课程教师进行多次研讨,从计算机相关职业岗位需求出发,遵循学生认知规律,重构教学内容,教学项目涵盖知识点和技能点,重点培养学生的职业技能和基本职业素养。

2. 项目引领、任务驱动,符合认知规律

在内容选取上,本书对接课程标准,紧扣职业岗位需求,依据"项目引领、任务驱动"的思路,将C语言基础知识、控制语句、无参函数使用融入在"项目一 ATM自助存取款机"教学中,将数组、结构体、有参函数、指针和文件融入在"项目二 学籍管理系统"教学中。

教材正文部分按照项目导入、知识目标、能力目标、素质目标、任务描述、知识储备、常见编译错误与改正方法、任务实现、任务评价等结构编写,教材实训部分按照知识图谱、任务要点、基础巩固、基础能力训练、拓展能力训练等结构编写,循序渐进地帮助学生学习知识、提升技能。

3. 配套资源丰富立体,符合个性化需求

本书是山东省精品资源共享课、山东省精品在线开放课程(课程网址:https://www.xueyinonline.com/detail/236391917)的配套教材,以教师灵活搭建课程和学生自主学习的需求为根本,进行"颗粒化资源、系统化设计、结构化课程"设计,颗粒化资源覆盖全部知识点、丰富的案例讲解、微课、项目视频、重难点动画等教学资源可以满足不同层次学习者的学习需求。

4. 落地"实",突出"真",符合新时代育人目标

透过具体教学内容,挖掘蕴含在知识背后的思维方式、价值观和文化意义,将思政教育"落"在实实在在的知识点、案例上,注重知识延伸,"因势利导、顺势而为"地开展思政教育。

5. "课"与"岗"深度融合,符合人才培养需求

依据职业教育特点,以学生为中心,以项目为单位组织教学,以任务的实现将知识点、技能点串联起来,在知识理解与技能掌握的基础上进行实践和应用,集能力、知识、素质培养为一体,为成长为高技能、高素养型人才打下专业基础。

本书编写成员来自济南职业学院、泰山职业技术学院、山东闪亮智能科技有限公司等单位,构成了学校、企业、行业紧密结合的课程团队。主要执笔人员:泰山职业技术学院宋丽玲编写项目一任务1.1、任务1.2;济南职业学院张玉叶项目一任务1.3、项目二任务2.5;济南职业学院李超编写项目一任务1.4;济南职业学院崔敏编写项目一任务1.5、任务1.6及实训部分项目一;济南职业学院王艳娟负责全书统稿,并编写项目二任务2.1~任务2.4、实训部分项目二;山东闪亮智能科技有限公司闫东晨对教材中任务编写提出了宝贵意见。

本书在编写过程中力求准确、完善,但仍难免有疏漏或者不足之处,恳请广大读者批评指正,在此深表谢意!

编　者

目 录

项目一　ATM 自助存取款机 1
项目导入 1
　知识目标 1
　素质目标 1
　能力目标 1
任务 1.1　设计 ATM 自助存取款机的欢迎页面 2
　任务描述 2
　知识储备 2
　　知识点 1　C 语言的发展与特点 2
　　　一、程序设计语言的发展 2
　　　二、C 语言的发展历史 3
　　　三、C 语言的特点 4
　　知识点 2　创建 C 程序 4
　　　一、C 程序的编译过程 4
　　　二、C 程序的编辑与运行 5
　　知识点 3　C 程序的构成 9
　　　一、C 程序实例 9
　　　二、C 程序的构成 11
　　　三、C 程序的特点 11
　　知识点 4　printf 函数输出字符串 12
　常见编译错误与改正方法 12
　任务实现 14
　任务评价 15
任务 1.2　设置卡余额以及输入存、取款数额 15
　任务描述 15

知识储备 ········· 16
知识点1 数据类型 ········· 16
一、基本类型 ········· 16
二、构造类型 ········· 16
三、指针类型 ········· 16
四、空类型 ········· 16
知识点2 数据表现形式 ········· 17
一、常量 ········· 17
二、变量 ········· 19
知识点3 赋值运算 ········· 22
一、赋值运算符 ········· 22
二、变量的初始化 ········· 22
三、不同类型数据混合运算 ········· 23
知识点4 格式输出 – printf 函数 ········· 24
一、输入/输出基本概念 ········· 24
二、printf 函数基本形式 ········· 24
三、格式字符串 ········· 26
知识点5 格式输入 – scanf 函数 ········· 28
一、scanf 函数基本形式 ········· 28
二、格式字符串 ········· 30
知识点6 字符输入输出函数 ········· 32
一、字符输出 – putchar 函数 ········· 32
二、字符输入 – getchar 函数 ········· 33
常见编译错误与改正方法 ········· 33
任务实现 ········· 36
任务评价 ········· 36

任务1.3 判断存款数额的合理性及余额的变化 ········· 37
任务描述 ········· 37
知识储备 ········· 37
知识点1 基本算术运算符 ········· 37
知识点2 复合赋值运算符 ········· 39
知识点3 关系运算符 ········· 40
一、关系运算符基本介绍 ········· 40
二、关系运算符的运算规则 ········· 40
知识点4 顺序结构 ········· 41
知识点5 选择结构 ········· 42
一、if 单分支选择结构 ········· 43

二、if 双分支选择结构 ································· 44
　　三、条件运算符 ····································· 45
常见编译错误与改正方法 ································· 46
任务实现 ··· 47
任务评价 ··· 48

任务 1.4　判断取款数额的合理性以及选取不同功能操作 ········ 48
任务描述 ··· 48
知识储备 ··· 49
　知识点 1　逻辑运算符 ································ 49
　　一、逻辑运算符及其优先级 ························· 49
　　二、逻辑运算符的值 ······························· 49
　　三、逻辑运算求值规则 ····························· 50
　　四、逻辑运算的短路规则 ··························· 50
　知识点 2　多分支选择结构 ···························· 51
　　一、if 多分支选择结构 ···························· 51
　　二、switch 多分支选择结构 ························ 53
　知识点 3　if 语句嵌套 ······························· 55
常见编译错误与改正方法 ································· 57
任务实现 ··· 58
任务评价 ··· 60

任务 1.5　校验用户密码 ································· 60
任务描述 ··· 60
知识储备 ··· 61
　知识点 1　自加、自减运算符 ························· 61
　知识点 2　循环结构 ································· 63
　　一、循环概述 ···································· 63
　　二、while 循环 ·································· 64
　　三、do while 循环 ······························· 66
　　四、for 循环 ···································· 67
　知识点 3　循环跳转 ································· 71
　　一、break 语句 ·································· 71
　　二、continue 语句 ································ 72
常见编译错误与改正方法 ································· 73
任务实现 ··· 75
任务评价 ··· 77

任务 1.6　运用函数实现存取款等功能 ······················ 78
任务描述 ··· 78

知识储备 79
　　　知识点1　无参函数的定义与调用 79
　　　　一、无参、无返回值函数的定义 79
　　　　二、无参、无返回值函数的调用 80
　　　　三、无参、有返回值函数的定义 81
　　　　四、无参、有返回值函数的调用 81
　　　知识点2　变量的作用域 82
　　　　一、局部变量 82
　　　　二、全局变量 83
　　常见编译错误与改正方法 85
　　任务实现 86
　　任务评价 90

项目二　学籍管理系统 91

项目导入 91
　知识目标 91
　素质目标 92
　能力目标 92

任务2.1　构建学生模型 92
　任务描述 92
　知识储备 92
　　知识点1　一维数组 92
　　　一、数组概念 92
　　　二、一维数组的定义与引用 93
　　　三、一维数组的初始化 95
　　知识点2　循环嵌套 97
　　知识点3　二维数组 98
　　　一、二维数组的定义与引用 98
　　　二、二维数组的初始化 99
　　知识点4　字符串 102
　　　一、字符串的存储 102
　　　二、字符串处理函数 105
　　知识点5　结构体 107
　　　一、结构体变量 108
　　　二、结构体数组 112
　常见编译错误与改正方法 113
　任务实现 116
　任务评价 116

任务 2.2　实现学生信息的输入、输出、删除、修改、查询 ················· 117
　　任务描述 ··· 117
　　知识储备 ··· 118
　　　知识点 1　有参函数的定义与调用 ································· 118
　　　　一、有参、无返回值函数的定义 ································· 118
　　　　二、有参、无返回值函数的调用 ································· 118
　　　　三、有参、有返回值函数的定义 ································· 120
　　　　四、有参、有返回值函数的调用 ································· 121
　　　　五、数组名作函数参数 ·· 122
　　　知识点 2　函数嵌套调用 ·· 123
　　　知识点 3　变量的存储类别 ··· 124
　　　　一、动态存储方式与静态存储方式 ····························· 124
　　　　二、局部变量的存储类别 ··· 125
　　常见编译错误与改正方法 ··· 126
　　任务实现 ··· 128
　　任务评价 ··· 133

任务 2.3　实现学生信息的排序 ·· 134
　　任务描述 ··· 134
　　知识储备 ··· 134
　　　知识点 1　冒泡排序算法 ·· 134
　　　　一、基本原理 ··· 134
　　　　二、排序思路 ··· 135
　　　　三、排序实现 ··· 136
　　　知识点 2　函数的递归调用 ··· 137
　　任务实现 ··· 138
　　任务评价 ··· 140

任务 2.4　实现学生信息快速访问 ··· 140
　　任务描述 ··· 140
　　知识储备 ··· 140
　　　知识点 1　指针变量的定义与使用 ································· 140
　　　　一、指针的概念 ·· 140
　　　　二、指针变量的定义 ·· 141
　　　　三、指针变量的初始化 ··· 142
　　　　四、指针变量的引用 ·· 142
　　　知识点 2　指针变量做函数参数 ··································· 145
　　　知识点 3　指针变量与数组 ··· 146
　　　　一、指针变量与一维数组 ··· 146
　　　　二、指针变量与字符串 ··· 150

知识点 4　指针变量与结构体 ………………………………………………… 152
　　　　一、指向结构体指针变量 ……………………………………………… 152
　　　　二、指针与结构体数组 ………………………………………………… 154
　常见编译错误与改正方法 ………………………………………………………… 155
　任务实现 …………………………………………………………………………… 156
　任务评价 …………………………………………………………………………… 158

任务 2.5　实现学生信息的存储 …………………………………………………… 158
　任务描述 …………………………………………………………………………… 158
　知识储备 …………………………………………………………………………… 159
　　知识点 1　文件的分类 ………………………………………………………… 159
　　知识点 2　文件的打开与关闭 ………………………………………………… 160
　　　　一、文件指针 …………………………………………………………… 160
　　　　二、文件的打开（fopen 函数）………………………………………… 160
　　　　三、文件的关闭（fclose 函数）………………………………………… 162
　　知识点 3　字符读写函数 ……………………………………………………… 163
　　　　一、读字符函数 fgetc …………………………………………………… 163
　　　　二、写字符函数 fputc …………………………………………………… 164
　　知识点 4　字符串读写函数 …………………………………………………… 165
　　　　一、读字符串函数 fgets ………………………………………………… 165
　　　　二、写字符串函数 fputs ………………………………………………… 165
　　知识点 5　数据块读写函数 …………………………………………………… 166
　　　　一、写数据块函数 fwrite ……………………………………………… 166
　　　　二、读数据块函数 fread ………………………………………………… 167
　　知识点 6　格式化读写函数 …………………………………………………… 168
　　　　一、格式化写函数 fprintf ……………………………………………… 168
　　　　二、格式化读函数 fscanf ……………………………………………… 169
　　知识点 7　文件随机读写 ……………………………………………………… 170
　　　　一、文件定位 …………………………………………………………… 170
　　　　二、文件的随机读写 …………………………………………………… 171
　　知识点 8　文件检测函数 ……………………………………………………… 171
　常见编译错误与改正方法 ………………………………………………………… 172
　任务实现 …………………………………………………………………………… 173
　任务评价 …………………………………………………………………………… 173

附录 1　《C 语言程序设计》实训部分 ………………………………………… 175
附录 2　ASCII 码值对照表 ……………………………………………………… 204
附录 3　运算符和结合性 ………………………………………………………… 205
附录 4　位运算 …………………………………………………………………… 207

项目一

ATM自助存取款机

项目导入

自动存取款机是一种客户进行自助服务的电子化设备，它具有实时存款、实时取款、查询余额等功能。ATM 自助存取款机是典型的图形界面与功能选取相结合的系统，本项目主要实现了依据用户需求选择实现相应的自助存取款、查询余额、密码校验等功能。

知识目标

1. 掌握 C 程序的调试与运行。
2. 掌握基本数据类型以及数据的输入与输出。
3. 掌握字符输入输出函数。
4. 理解运算符的作用。
5. 掌握运算符优先级和结合性。
6. 掌握单分支、双分支以及多分支选择结构的使用。
7. 掌握循环结构以及循环跳转的使用。
8. 掌握无参函数的定义与调用。

素质目标

1. 培养学生规范的编码素养。
2. 培养学生严谨细致工作态度。
3. 培养学生规则意识。
4. 培养学生持之以恒、积少成多的优秀品质。
5. 培养学生勇于担当的精神。
6. 培养学生知足常乐的情怀。

能力目标

1. 能够使用 VC++ 编译环境实现 C 程序的调试与运行。
2. 能够使用 printf 函数实现屏幕输出。
3. 能够使用 scanf 函数实现数据输入。

4. 能够综合使用运算符和选择语句实现条件判断。
5. 能够正确运用选择结构实现所需功能。
6. 能够使用循环结构解决重复性问题。
7. 能够调用自定义函数。
8. 能够实现简单系统的设计。

任务 1.1　设计 ATM 自助存取款机的欢迎页面

任务描述

使用 ATM 自助存取款时，首先看到的就是欢迎页面，当用户输入正确的密码后，就可以进入功能页面，具体实现可参考图 1－1。

图 1－1　ATM 欢迎页面

知识储备

知识点 1　C 语言的发展与特点

一、程序设计语言的发展

人们相互交流需要语言，人和计算机交流信息也需要语言，为此，需要创造一种计算机和人都能够识别的语言，这就是计算机语言。计算机语言经历了以下几个发展阶段：

第一代机器语言，计算机的工作是基于二进制的，从根本上来说，计算机只能识别和接受由 0 和 1 组成的计算机指令。这种计算机能直接识别和接受的二进制代码称为机器指令，而机器指令的集合就是该计算机的机器语言。机器语言与人们语言习惯差别太大，难学、难记、难修改、难检查、难写、难以推广和使用。

微课 1－1
C 语言发展
与特点

第二代符号语言，为了克服机器语言的缺点，人们创造出了符号语言。它是用一些英文字母和数字来表示一个指令的。例如：ADD 代表"加"，SUB 代表"减"。但是计算机并不能直接识别和执行符号语言的指令，需要用一种称为汇编语言的软件，把符号语言的指令转换成机器语言。为此，符号语言又称为符号汇编语言或者是汇编语言。虽然汇编语言比机器语言更接近于人们的语言习惯，但是也很难普及，只在专业人员中使用，而且，不同型号的计算机的机器语言与汇编语言是互不通用的，机器语言和汇编语言是完全依赖于具体机器特性的，是面向机器的语言，称为计算机低级语言。

第三代高级语言，为了克服低级语言的缺点，20 世纪 50 年代创造出了第一个计算机高级语言——FORTRAN 语言，它很接近于人们习惯使用的自然语言和数学语言。这种语言功能很强，并且不依赖于具体机器，用它写出的程序对任何型号的计算机都适用，称为高级语言。而 C 语言是国际上广泛流行的计算机高级语言。

第四代非过程化语言，是一种功能更强的高级语言，采用图形窗口和人机对话形式，基于数据库和面向对象技术，易理解、易维护。常用的有 Java、C++、Visual Basic 等。

第五代智能化语言，主要应用于人工智能领域，帮助人们演绎程序。

二、C 语言的发展历史

C 语言是国际上流行的使用最广泛的高级程序设计语言，它既可用来写系统软件，也可用来写应用软件。C 语言生成的目标代码质量高，使得程序不仅执行效率高，而且可移植性好。C 语言的产生基于两个方面的需要：一是为满足 UNIX 操作系统开发的需要；二是为接近硬件的需要，即直接访问物理地址，直接对硬件进行操作的需要。

C 语言是从 BCPL 语言和 B 语言演化而来的。1960 年出现的 ALGOL 语言是一种面向问题的高级语言，远离硬件，但不适于开发系统软件。1963 年，英国剑桥大学推出了 CPL 语言，该语言比 ALGOL 语言更接近硬件，但是规模较大，难以实现。1969 年，剑桥大学的 M. Richards 对 CPL 语言进行了简化，推出了 BCPL 语言。1970 年，贝尔实验室设计了类 BCPL 语言，称为 B 语言，该语言规模小，接近硬件。1972—1973 年，贝尔实验室在保留 B 语言优点的基础上，设计出了一种新的语言，该语言适用于系统开发和应用开发，称之为 C 语言。最初 C 语言只是 UNIX 操作系统的工作语言，随着操作系统的广泛应用，使得 C 语言得到了迅速发展与普及。

1978 年，出现了独立于 UNIX 计算机的 C 语言，使 C 语言被迅速移植到大、中、小、微型机上。1988 年，美国贝尔实验室的 D. M. Ritchie 与他人合著了著名的 *C Programming Language*，此书被翻译成了多种语言，是 C 语言最权威的教材之一，D. M. Ritchie 也因此被称为 C 语言之父。1989 年，美国标准化协会发布了第一个完整的 C 语言标准，简称为 C89。1999 年，ISO 在做了必要的修正和完善后，发布了新的标准 C99。2011 年 12 月 8 日，ISO 又正式发布了新的标准 C11。如今 C 语言已经风靡全球，成为世界上应用最广泛的程序设计语言之一。

三、C 语言的特点

C 语言的特点有如下几个方面：

（1）C 语言简洁、紧凑，使用起来方便、灵活。

（2）C 语言具有丰富的数据类型和运算符。C 语言的数据类型有整型、字符型、实型、数组类型、结构体类型、共用体类型等，运算符有算术、赋值、关系、逻辑等多种，能实现各种复杂数据类型的数据运算，并引入了指针概念，使程序运行效率提高。

（3）C 语言是结构化程序设计语言，具有顺序、选择、循环三种结构。

（4）C 语言能直接访问物理地址，能进行位运算。

（5）C 语言具有预处理机制。

（6）C 语言可移植性好。

（7）C 语言语法限制不太严格，程序设计自由度大。

（8）C 语言程序生成代码质量高，程序执行效率高。

知识点 2　创建 C 程序

一、C 程序的编译过程

为了使计算机能执行高级语言源程序，必须先用"编译程序"这个软件，把源程序翻译成二进制形式的"目标程序"，然后再将该目标程序与系统程序的函数库以及其他目标程序连接起来，形成可执行目标程序。C 语言采用的编译方式是将源程序转换为二进制目标代码，编写一个 C 程序到完成运行得到结果一般都需要经过以下几个步骤：

1. 编辑

编辑包括有以下内容：将源程序逐个字符输入计算机内存；修改源程序；将修改好的源程序保存在磁盘文件中，其文件扩展名为.c。

2. 编译

编译就是将已编辑好的源程序翻译成二进制的目标代码。在编译时，要对源程序进行语法检查，如果发现错误，则提示错误信息，此时需要重新进入编辑状态，对源程序进行修改后再重新编译，直到通过编译为止，生成扩展名为.obj 的同名文件。

3. 连接

连接是将各个模块的二进制目标代码与系统标准模块经过连接处理后，得到可执行的文件，其扩展名为.exe。

4. 运行

一个经过编译和连接的可执行的目标文件，只有在操作系统的支持和管理下才能执行它。图 1-2 描述了从一个 C 程序到生成可执行文件的全过程。

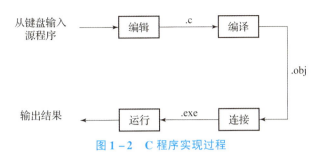

图 1-2　C 程序实现过程

二、C 程序的编辑与运行

本书主要介绍 Visual C++ 6.0 中怎样编辑、编译、连接、运行 C 程序，图 1-3 即为 Visual C++ 6.0 的主界面。

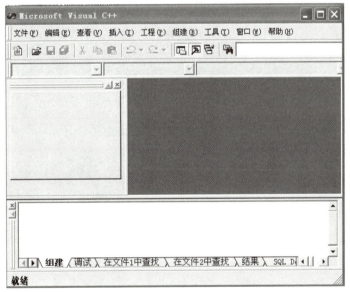

图 1-3　Visual C++ 6.0 主界面

在 Visual C++ 6.0 窗口的顶部是主菜单栏，包括 9 个菜单项：文件（File）、编辑（Edit）、查看（View）、插入（Insert）、工程（Project）、组建（Build）、工具（Tools）、窗口（Windows）、帮助（Help）。主窗口的左侧是项目工作区窗口，用来显示所设定的工作区信息；右侧是程序编辑窗口，用来输入和编辑源程序。

1. 编辑

新建一个源程序，在 Visual C++ 6.0 主窗口的菜单栏中选择"文件"菜单，然后选择"新建"命令（图 1-4）。

屏幕上出现一个"新建"对话框（图 1-5），单击对话框上方的"文件"选项卡，在其列表框中选择"C++ Source File"项，然后在对话框右半部分的位置文本框中输入准备编辑的源程序文件的存储路径（假设 E:\常用软件），在其上方的文件名文本框中输入准备编辑的源程序文件的名字（假设为 c1-1.c）。

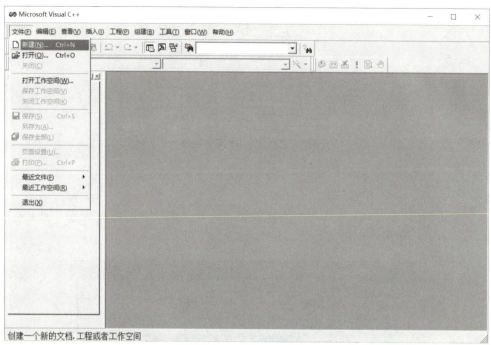

图1-4 新建文件

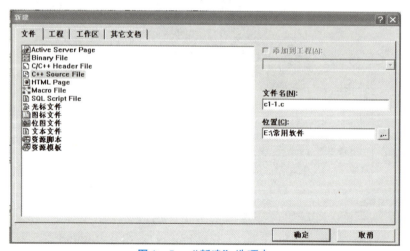

图1-5 "新建"选项卡

单击"确定"按钮后,回到 Visual C++ 6.0 主窗口,这时就可以输入和编辑源程序了,如图1-6所示。在编辑完成后,可以在主菜单栏中选择"文件",并在其下拉菜单中选择"保存"项,也可以单击工具栏中的"保存"按钮,这样就可以保存源文件了。

注意:在新建时,可以指定后缀名为 .c,否则,默认是 C++ 的后缀名 .cpp。

2. 编译

在编辑完成并保存了源程序后,对其进行编译。单击主菜单栏中的"组建"菜单,在其下拉菜单中选择"编译 [c1-1.c]",如图1-7所示,也可以不用选择菜单的方法,而直接按Ctrl+F7组合键或者单击工具栏中的 来完成编译。

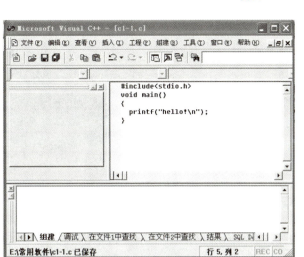

图 1-6　程序页面

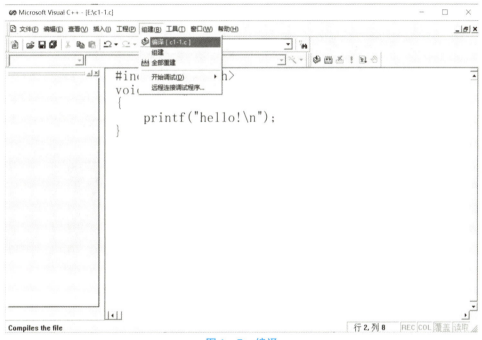

图 1-7　编译

在选择"编译"命令后，屏幕上会出现一个对话框，如图 1-8 所示，单击"是"按钮，然后开始编译。在进行编译时，系统会检查源程序有无语法错误。如果没有错误，则生成目标程序 c1-1.obj，如果有错，则会指出错误的位置和性质，用户可以根据提示改正错误。

图 1-8　提示信息

3. 连接

在得到.obj 目标程序后，应选择"组建"菜单项，其下拉菜单中选择"组建［c1－1.exe］"，如图1－9所示，也可以不用选择菜单的方法，而直接按F7键来完成编译。

图1－9　连接

在执行连接后，在调试输出窗口中显示如图1－10所示的信息时，说明没有错误，生成一个可执行文件c1－1.exe。

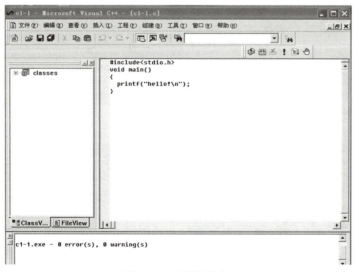

图1－10　连接成功

4. 执行

在得到可执行文件c1－1.exe 后，就直接执行c1－1.exe。选择"组建"菜单项，在其下拉菜单中选择"执行［c1－1.exe］"，如图1－11所示。也可以不用选择菜单的方法，而直接按Ctrl＋F5组合键或者单击 ! 按钮来完成编译。

图 1-11 执行

执行后可以看到结果，如图 1-12 所示。

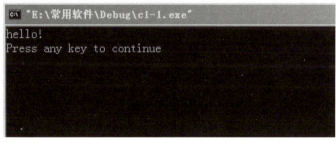

图 1-12 程序结果

微课 1-2
C 程序的构成

知识点 3　C 程序的构成

一、C 程序实例

【例 1】功能描述：向世界问好！

```
#include <stdio.h>              //编译预处理命令
void main()                     //定义主函数
{                               //函数开始的标志
    printf("Hello World!\n");   //输出 Hello World! 并运用"\n"实现换行
}                               //函数结束的标志
```

程序运行结果是：

以上结果是在 Visual C++ 6.0 环境下运行得到的。其中，第 1 行是程序运行输出的结果，第 2 行是 Visual C++ 6.0 系统在运行结果后自动输出的一行信息，意思是"如果想继续进行下一步，请按任意键"。当用户按任意键后，屏幕上不再显示运行结果，而是返回程序窗口，以便进行下一步。

【例 2】功能描述：定义一个求两个数中最大数的函数，并在主函数中调用。

```
#include<stdio.h>              //这是编译预处理命令
void Max()                     //自定义函数 Max
{
    int a=5,b=8,max;           //程序的声明部分,定义a,b,max为整型变量
    if(a>b) max=a;             //若a>b成立,将a的值赋给max
    else max=b;                //否则(即a>b不成立),将b的值赋给max
    printf("max=%d\n",max);    //按照"max=%d\n"格式输出结果
}
void main()                    //定义主函数
{
    Max();                     //在main函数中调用自定义函数Max
}
```

程序运行结果是：

```
max=8
Press any key to continue_
```

程序分析：

本程序自定义了一个函数 Max，该函数的功能是求 a 和 b 两个整数中的最大值，将最大值以格式"max=%d\n"打印出来，并在 main 函数中调用了此函数。

第 2 行是自定义函数的首部，该函数没有确定的返回值，只是完成指定的功能，为此，函数类型设置为"void"，同时，本函数没有任何参数。

第 4 行是自定义函数的声明部分，C 程序要求函数中所用到的变量要先声明后使用，为此，函数的开始部分通常是变量的声明，这里定义了整型变量 a、b、max，同时，a 的初始值为 5，b 的初始值为 8。

第 5 行是条件判断语句，含义是：如果满足"a>b"，则将 a 的值赋给 max 变量。

第 6 行与第 5 行相对应，含义是：反之（即 a>b 不成立），则将 b 的值赋给 max 变量。

第 7 行"printf("max=%d\n",max);"是程序输出语句，按照字符串输出格式将 max 的值进行输出，在输出时，将"%d"的位置用 max 来取代，"\n"是换行符。

第 9 行是主函数。

第 11 行是函数调用语句，调用了自定义函数 Max。

二、C 程序的构成

通过以上两个程序举例，可以看到一个 C 程序的基本结构如下：

```
#include<stdio.h>              //编译预处理命令,头文件
[自定义函数]                    //可选项,依据程序要求定义
void main()                    //定义主函数,必选项,且只能有一个
{
    语句                        //功能实现,语句中需要有英文状态的";"
}
```

C 程序本身并不提供输入输出语句，输入/输出的操作是由库函数 scanf 和 printf 等来完成的，需要进行编译预处理#include < stdio. h >。

C 程序的构成：

①函数是构成 C 程序的基本单位，程序中几乎全部的工作均是由函数完成的，一个 C 语言程序是由一个或者多个函数组成的，其中必须包含一个 main 函数（有且只能有一个 main 函数）。

②程序总是从 main 函数开始执行的。不论 main 函数在整个程序中的位置如何（main 函数可以放在程序的最前面，也可以放在程序的最后，或者在一些函数之前，另一些函数之后），C 程序总是以 main 函数的"{"开始，以"}"结束。

③程序中对计算机的操作是由函数中的语句完成的。语句是构成函数的基本单位，一个函数通常包含一条或者多条语句。

④分号是构成 C 程序语句的基本单位，只有一个"；"的语句称为空语句。

⑤在 C 程序中，应当包含必要的注释。一个好的、有使用价值的程序都应当加上注释，以增加程序的可读性。"//"是单行注释，也可以用"/ * … * /"实现多行注释（也称为块注释）。

三、C 程序的特点

①C 语言简洁、紧凑，使用起来方便灵活。

②C 语言具有丰富的数据类型和运算符。

③结构化的控制语句（if…else 语句、switch 语句、while 语句、do…while 语句和 for 语句）。

④函数作为程序的基本单位，便于实现程序的模块化。

⑤C 语言允许直接访问物理地址，能够进行位（bit）运算（见附录4），能够实现对硬件直接操作。

⑥程序的可移植性好。

⑦生成目标代码质量高，程序执行效率高。

知识点 4　printf 函数输出字符串

printf()函数是 C 语言标准库函数,称为格式输出函数,用于将格式化后的字符串输出到指定终端(通常指屏幕),printf()声明于头文件 stdio.h 中。

printf 函数输出字符串基本形式:

```
printf("字符串转义字符");         //双引号、分号均是英文状态
```

说明:字符串原样输出。字符串中可以包括转义字符。转义字符是以字符"\"开头的字符序列来表示一种特殊形式的字符常量。例如,"\n"中的 n 不代表字母 n,而是作为"换行符";"\t"代表水平制表。

【例1】功能描述:打印由星号构成的三角形。

```
#include<stdio.h>
main()
{
    printf("  **\n");          //图中空白处是空格
    printf(" ***\n");
    printf("*****\n");
}
```

程序运行结果如下:

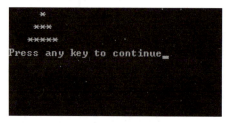

思考:如何打印出由星号构成的平行四边形?

常见编译错误与改正方法

本任务程序设计中经常出现的错误以及解决方案如下:

1. 未加头文件 stdio.h

代码举例:

```
void main()
{
    printf("Hello World!\n");
}
```

错误显示:

```
error C2065: 'printf' : undeclared identifier
```

解决方法：在主函数前加上代码#include <stdio.h>。

2. 主函数 main 拼写错误

代码举例：
```
#include <stdio.h>
void mian()
{
    printf("Hello World!\n");
}
```

错误显示：

`error LNK2001: unresolved external symbol _main`

解决方法：将 mian 改为 main。

3. 未写 main 函数的结束符号"}"

代码举例：

```
#include <stdio.h>
void main()
{
    printf("Hello World!\n");
```

错误显示：

`fatal error C1004: unexpected end of file found`

解决方法：末尾加上"}"即可。

4. 语句后未加分号";"

代码举例：

```
#include <stdio.h>
void main()
{
    printf("Hello World!\n")
}
```

错误显示：

`error C2143: syntax error : missing ';' before '}'`

解决方法：语句末尾加上英文状态下的分号";"即可。

5. 将英文状态下的双引号写成了中文状态下的双引号

代码举例：

```
#include <stdio.h>
void main()
{
    printf("Hello World!\n");
}
```

错误显示：

```
error C2018: unknown character '0xa1'
error C2018: unknown character '0xb1'
```

解决方法：将中文状态下的双引号改成英文状态下的双引号。

6. 将输出函数 printf 写成了 print

代码举例：

```c
#include <stdio.h>
void main()
{
    print("Hello World!\n");
}
```

错误显示：

```
error C2065: 'print' : undeclared identifier
```

解决方法：将 print 改写成 printf。

7. main 函数后面的"( )"未加

代码举例：

```c
#include <stdio.h>
void main
{
    printf("Hello World!\n");
}
```

错误显示：

```
error C2182: 'main' : illegal use of type 'void'
error C2239: unexpected token '{' following declaration of 'main'
```

解决方法：将"main"改为"main( )"。

任务实现

本任务主要通过 printf 函数实现欢迎页面的打印，在主函数中直接使用 printf 函数实现，参考代码如下：

```c
#include <stdio.h>
void main()
{
    printf("\t\t\t*****************************************\n");
    printf("\t\t\t*_____*\n");
    printf("\t\t\t*|                                   |*\n");
    printf("\t\t\t*|                                   |*\n");
    printf("\t\t\t*|        欢迎使用建设银行ATM机       |*\n");
    printf("\t\t\t*|                                   |*\n");
    printf("\t\t\t*|                ^_^                |*\n");
```

```
        printf(" \t\t\t\t*|                                              |*\n");
        printf(" \t\t\t\t*|                                              |*\n");
        printf(" \t\t\t\t*|_____|*\n");
        printf(" \t\t\t\t*                                                *\n");
        printf(" \t\t\t\t*************************************************\n\n\n");
        printf(" \t\t\t\t 请输入您的密码:");
    }
```

任务评价

通过本任务的学习,检查自己是否掌握了以下技能,在表格中给出个人评价。

评价标准	个人评价
能够在 Visual C++ 6.0 软件中新建 C++ Source File	
能够在主函数中使用 printf 函数编写代码打印 ATM 自助存取款机的欢迎页面	
编辑代码后,能够执行编译、连接、运行步骤调试程序	
注:A 完全能做到,B 基本能做到,C 部分能做到,D 基本做不到。		

任务 1.2 设置卡余额以及输入存、取款数额

任务描述

当用户输入正确的密码后(密码校验在后面任务中实现),进入主功能页面,当用户选择存款功能时,则要求用户输入存款数额。同理,当用户选择取款功能时,则输入取款数额,可以参考图 1-13 和图 1-14。

图 1-13 输入存款数额

图 1-14 输入取款数额

知识储备

知识点 1　数据类型

微课 1-3
C 语言的数据类型

数据类型是指数据在内存中的表现形式，不同的数据类型在内存中的存储方式是不同的，在内存中所占的字节数也是不同的。在 C 语言中，数据类型可分为基本类型、构造类型、指针类型、空类型四大类。

一、基本类型

基本类型是不可以再分解的类型。在 C 语言中，主要有整型、字符型、实型三大基本类型，具体描述如图 1-15 所示。

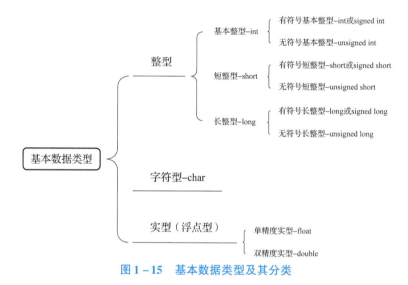

图 1-15　基本数据类型及其分类

二、构造类型

构造类型是根据已定义的一个或者多个数据类型用构造方法来定义的。一个构造类型可以分解成若干个"成员"或者"元素"，每个成员又是一个基本类型或者是构造类型。在 C 语言中，构造类型有数组类型、结构体类型（struct）、共用体类型（union）、枚举类型（enum）。

三、指针类型

指针类型是一种特殊的数据类型，其值用来表示某个变量在内存储器中的地址。

四、空类型

函数调用结束后，通常需要返回值，这个返回的函数值是具有一定数据类型的。有一类函数，调用后并不需要任何返回值，这种函数就可以定义为"空类型"，其类型说明符是 void。

知识点2 数据表现形式

微课1-4
C语言中的常量

在高级计算机语言中，数据有两种表现形式：常量和变量。在程序运行过程中，其值不能被改变的量称为常量，值可变的量称为变量。

一、常量

比如：123、-90、123.12、0.123都是常量，数值常量就是数学中的常数。在C语言中常用的常量有以下几类：

1. 整型常量

C语言的整型常量有以下几种分类方法：

（1）十进制形式：十进制整数由数字0~9表示，例如：34，-90，0。

（2）八进制形式：八进制整数由数字0~7表示。为了与十进制形式区分，在数值前面加上数字"0"。例如：017（八进制）$=1\times8^1+7\times8^0=15$（十进制）。

（3）十六进制形式：十六进制整数是由数字0~9和a~f(A~F)表示，在数值前面加上0x（数字0和字母x）。例如：0x17（十六进制）$=1\times16^1+7\times16^0=23$（十进制）。

2. 实型常量

C语言中实型常量有两种表现形式：十进制小数形式和指数形式。

（1）十进制小数形式，由数字和小数点组成，小数点前表示整数部分，小数点后表示小数部分，具体格式如下：

<整数部分>.<小数部分>

其中，小数点不可省略，<整数部分>和<小数部分>不可同时省略。例如123.456、0.345、-78.987、0.0等。

（2）指数形式，又称科学表示法。此种表示形式包含数值部分和指数部分。数值部分表示方法同十进制小数形式，指数部分是一个可正可负的整型数，这两部分用字母e或者E连接起来（由于计算机在输入或者输出时，无法表示上标或者是下标，故规定以字母e或者E代表以10为底数的指数），具体格式如下：

<整数部分>.<小数部分>e<指数部分>

或者

<整数部分>.<小数部分>E<指数部分>

其中，e(E)左边部分可以是<整数部分>.<小数部分>，也可以只是<整数部分>，还可以是<小数部分>；e(E)右边部分可以是正整数或者负整数，也可以是零，但不能是浮点数。如12.34e3（代表12.34×10^3）、-345.87E-8（代表-345.87×10^{-8}）等。

注意：在用指数形式表示实型常量时，e或者E之前必须有数字，且e或者E后面必须为整数。例如：不能写成e2、42e2.6。

3. 字符常量

C 语言中有两种形式的字符常量：

（1）普通字符：用单撇号括起来的单个字符，例如 'd'、'7'、';' 等，不能写成 'av'、'12' 等非单个字符形式。

注意：单撇号只是限定符，字符常量只能是一个字符，不包含单撇号。

'a'、'b'、'='、'+'、'?' 都是合法字符常量。字符常量存储在计算机的存储单元中时，并不是存储字符本身，而是以其代码（ASCII 码）形式存储的。常见字符的 ASCII 码值对照表详见附录 2。例如，字符 'a' 的 ASCII 码是 97，因此，在存储单元中存放的是 97（以二进制的形式存放）。

在 C 语言中，字符常量有以下特点：

➢ 字符常量只能用单引号括起来，不能用双引号或其他括号；

➢ 字符常量只能是单个字符，不能是字符串；

➢ 字符可以是字符集中任意字符，但数字被定义为字符型之后，就不能参与数值运算。如 '5' 和 5 是不同的。'5' 是字符常量，而 5 是整型常量。

（2）转义字符：C 语言允许以字符 "\" 开头的字符序列来表示一种特殊形式的字符常量，称为转义字符。例如，前面已经遇到过 "\n" 中的 n 不代表字母 n，而作为 "换行符"。常见的转义字符及其含义见表 1-1。

表 1-1 转义字符及其含义

转义字符	输出结果	字符值
\n	将当前位置移到下一行开头	换行
\t	将当前位置移到下一个 Tab 位置	水平制表符
\v	将当前位置移到下一个垂直制表对齐点	垂直制表符
\b	将当前位置后退一个字符	退格
\r	将当前位置移到本行开头	回车
\f	将当前位置移到下一页开头	换页
\?	输出此字符	一个问号（?）
\\	输出此字符	一个反斜线（\）
\'	输出此字符	一个单撇号（'）
\"	输出此字符	一个双撇号（"）
\a	产生声音或视觉信号	警告
\ddd	1~3 位八进制数所代表的字符	八进制码对应的字符
\xhh	1~2 位十六进制数所代表的字符	十六进制码对应的字符

ddd 和 hh 分别为八进制和十六进制的 ASCII 代码。如\101 代表八进制数 101 的 ASCII 值，其值是 65，从对照表中可以看到代表的是字母"A"，\102 表示字母"B"，\x41 代表十六进制数 41 的 ASCII 值，其值也是 65，代表字母"A"。

4. 字符串常量

用双撇号把若干个字符括起来，称为字符串常量。字符串常量是双撇号中的全部字符，但不包括双撇号本身。例如："ab"、"CHINA"等，不能写成'ab'、'CHINA'，单撇号内只能包含一个字符，双撇号内可以包含多个字符即一个字符串。同时，C 语言规定任何字符串都有一个结束符，"\0"（空字符）就是字符串的结束标志符号。

字符串常量和字符常量是不同的量，它们之间主要有以下区别：

（1）字符常量由单撇号括起来，字符串常量由双撇号括起来。

（2）字符常量只能是单个字符，字符串常量则可以包含一个或多个字符。

（3）可以把一个字符常量赋予一个字符变量，但不能把一个字符串常量赋予一个字符变量。

（4）字符常量占一个字节的内存空间，字符串常量占的内存字节数等于字符串中字符的个数加 1，增加的一个字节中存放字符'\0'（ASCII 码为 0），这是字符串结束的标志。

二、变量

1. 变量的概念

变量代表一个有名字的、具有特定属性的一个存储单元，是指在程序运行时其值可以改变的量，功能是存储数据，也就是存放变量的值。在 C 语言中，变量必须先定义，后使用，同时，在定义时指定该变量的名字和类型。初学者要注意区分变量名和变量值。图 1-16 中 a 是变量名，5 是变量 a 的值，即存放在变量 a 的内存单元中的数据。变量名实际上是以名字代表的一个存储地址，程序在运行时，编译系统会为变量分配相应的存储单元来存放变量，通过变量访问其值，实际上是通过变量名找到其相应的存储单元，从该存储单元中读取值。

微课 1-5
变量的定义及初始化

在计算机高级语言中，用来对常量、变量、函数、数组等命名的有效字符序列称为标识符。换言之，标识符就是一个对象的名字。C 语言规定标识符只能由字母、数字和下划线三种字符组成，并且第一个字符必须为字母或者下划线。例如：a + b、1ed、jj?、a > b、#34 都不是合法的标识符，sum、a_b、a3、day 等都是合法的。

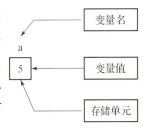

图 1-16 变量的存储

注意：在 C 语言编译系统中，将大写字母和小写字母认为是两个不同的字符，因此 SUM 和 sum 是两个不同的标识符。同时，在命名时不能使用 C 语言中的关键字。

C 语言中的关键字有 32 个，见表 1-2。

表 1-2 C语言关键字

auto	break	case	char	const	continue	default	unsigned
do	double	else	enum	extern	float	for	void
goto	if	int	long	register	return	short	volatile
signed	static	sizeof	struct	switch	typedef	union	while

> **启示**[①]
>
> 定义变量名、函数名等一定要符合标识符命名规则。日常行为要重视规矩的作用，古语有云：无规矩不成方圆。作为学生的我们，在校期间应当遵守校规，在实训室要遵守实训室规章制度；工作后，在工作岗位上要遵守公司的规章制度；在日常生活中，要遵守国家的法律法规，生活处处有规矩。

2. 变量的定义与使用

变量定义的一般形式是：

> 数据类型　变量名标识符1,变量名标识符2,…;

说明：相同类型变量定义可共用一个数据类型，变量名之间用","进行分割，不同类型变量不能共用，必须分行书写。

例如：

```
int a,b,c;        //a,b,c为整型变量
char x,y;         //x,y为字符型变量
float p;          //p为单精度变量
double q;         //q为双精度变量
```

提示：在定义变量时，尽量做到"见名知义"，这是一个程序员必备的基本素养。比如：最大值 max、和 sum、平均值 ave 等。

3. 数据的存储形式

变量定义后，需要依据数据类型分配相应的存储单元，有了存储单元后，才能用来存放数据。

1）整型存储形式

整型数据在内存中的存储方式是以整数的补码形式存放。整型变量的值的范围以及分配字节数见表 1-3，本书中以 Visual C++ 6.0 为编译环境。

---

① 无规矩不成方圆
　　一次，周恩来总理去北戴河视察工作，需要看世界地图和一些书籍。工作人员给北戴河文化馆打电话，说有位领导要看世界地图和其他一些书籍。接电话的小黄回答："我们有规定，图书不外借，要看请自己来。"周恩来便冒雨到图书馆借书。小黄一见是周总理，心里很懊悔，总理和蔼地说："无论谁都要遵守制度。"作为学生，在校要遵守校规校纪，走向社会要遵纪守法，就像二十大报告中所说，要时时刻刻"弘扬社会主义法治精神，传承中华优秀传统法律文化"。

表 1-3 整型数据常见的存储空间和值的范围

类型	字节数	取值范围
int（基本整型）	4	$-2^{31} \sim 2^{31}-1$
unsigned int（无符号基本整型）	4	$0 \sim 2^{32}-1$
short（短整型）	2	$-2^{15} \sim 2^{15}-1$ 即 $-32\,768 \sim 32\,767$
unsigned short（无符号短整型）	2	$0 \sim 2^{16}-1$ 即 $0 \sim 65\,535$
long（长整型）	4	$-2^{31} \sim 2^{31}-1$
unsigned long（无符号长整型）	4	$0 \sim 2^{32}-1$

2）字符存储形式

在 Visual C++ 中为每一个字符型数据分配 1 字节（8 位）的存储单元，字符型数据在计算机存储单元中并不是存储字符本身，而是以其 ASCII 码值形式存储的。并不是任意一个字符程序都能识别字符，ASCII 字符集包括了 127 个字符，详见附录 2，其中包括:

➢ 字母：大写英文字母 A ~ Z，小写字母 a ~ z。

➢ 数字：0 ~ 9。

➢ 专门字符 29 个:!、"、#、'、(、)、*、+、-、/、,、;、:、.、<、=、>、?、[、\、]、_、^、`、{、|、}、~、&。

➢ 空字符：空格、水平制表符、垂直制表符、换行、换页。

➢ 不能显示的字符：空（null）字符（以 '\0' 表示）、警告（以 '\a' 表示）、退格（以 '\b' 表示）等。

注意：

①小写字母 a 的 ASCII 码值是 97，大写字母 A 的 ASCII 值是 65，小写字母 b 的 ASCII 码值是 98，大写字母 B 的 ASCII 值是 66，依此类推，小写字母与其相应大写字母的 ASCII 码值相差 32。

②鉴于字符型数据的存放特点，整型数据和字符型数据在某些时候可以通用。

3）实型数据存储形式

3.141 59 可以表示为 $3.141\,59 \times 10^0$、$0.314\,159 \times 10^1$、$31.415\,9 \times 10^{-1}$ 等，在多种指数表示方式中，把小数部分中小数点前的数字为 0、小数点后第一位数字不为 0 的表示形式称为规范化的指数形式，如 $0.314\,159 \times 10^1$ 是 3.14159 的规范化指数形式。在 C 语言中，实数是以规范化指数形式存放在存储单元里。

实型数据的分类：

①单精度浮点型（float）：编译系统为每个 float 型数据分配 4 字节，能够得到 7 位有效数字，当数据超过 7 位时，后面的数据精度就不再准确。

②双精度浮点型（double）：编译系统为每个 double 型数据分配 8 字节，double 型数据能够得到 16 位有效数字。

知识点3　赋值运算

一、赋值运算符

赋值运算符记为"＝"，由"＝"连接的表达式称为赋值表达式，赋值运算符是双目运算符，即参与运算的操作数有两个。

赋值表达式的一般形式为：

变量=表达式

其功能是将右侧表达式的值赋给左侧的变量，求解过程是：先求赋值运算符右侧表达式的值，然后将值赋给赋值运算符左侧的变量，整个表达式的结果是左侧变量的值。

注意：

①赋值运算符左侧是一个可修改的"左值"，则该值必须是一个变量，常量或者表达式都不能作为"左值"。

②表达式可以是常量、变量，也可以是任意表达式，只要在赋值时有确定的值即可。

③赋值运算符具有"右结合性"，即"自右向左"进行计算。如 int a = 5；表示把 5 赋给整型变量a，不能读成"a等于5"。

④赋值表达式的返回值就是左侧变量的值。

⑤赋值表达式后加上"；"即为赋值语句。

二、变量的初始化

变量定义后，系统根据所属数据类型分配相应的存储单元，一旦有了存储单元，就可以实现数据的存储。C程序中变量有多种初始化形式。

1. 定义变量的同时进行初始化

```
int a = 5,b = 5;
char c = 'A';
float d = 1.234;
```

注意：变量在定义时不允许连续赋值，如"int a = b = 5；"是不合法的。

2. 先定义变量，后进行初始化

```
char x,y;
int a,b;
x = 'A',y = 'B';
a = b = -9; //右结合性，将-9 的值赋给b，表达式"b = -9"的值-9再赋给a
```

3. 可以利用一个已知的变量来给新定义的变量初始化

```
int a,b = 8;
a = b;//将变量b的值赋给变量a
```

三、不同类型数据混合运算

在程序中，经常是多种数据类型的变量一同参与运算，例如表达式"9 * 8.6 + 'A' + 109.09/98"，如果同一运算符的两侧出现的数据类型不同，则需要将两者转换成同一类型再进行运算。C语言中数据转换的方法有两种：一种是自动转换，一种是强制转换。

1. 自动类型转换

自动转换发生在不同数据类型的值混合运算时，由编译系统自动完成，自动转换遵循如图1-17所示规则。

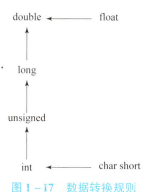

微课1-6
不同类型数据混合
运算与类型转换

图1-17 数据转换规则

说明：
①表达式中若参与运算数据的类型不同，则先转换成同一类型，然后进行运算。
②横向的转换是必定的转换，如char型数据参与运算时，必须先将其转换为整型后再进行运算。
③纵向的转换代表的是级别的高低，即低级别的与高级别的数据进行运算，先将低级别的转换为高级别的之后再进行运算。比如：char型数据和long型数据进行运算，首先将char型数据转换成int型数据，之后int型数据转换成long型数据再与long型数据进行运算。再比如：float型数据和float型数据进行运算，都先将float转换成double再进行运算。

2. 强制类型转换

可以利用强制类型转换运算符将一个表达式转换成所需要类型。其一般形式为：

(类型说明符)(表达式)

其功能是把表达式的运算结果强制转换成"类型说明符"所表示的类型。
例如：

```
(float)y        把 y 转换为实型
(int)(a+b)      把 a+b 的结果转换为整型
```

在使用强制转换时，应注意以下问题：
①类型说明符和表达式都必须加括号（单个变量可以不加括号），如把（int）(x+y)写成（int）x+y，则成了把x转换成int型之后再与y相加。

②无论是强制转换还是自动转换,都只是为了本次运算的需要而对变量的数据长度进行的临时性转换,而不改变数据说明时对该变量定义的类型。

知识点 4　格式输出 – printf 函数

一、输入/输出基本概念

程序中要实现数据的基本运算,就需要对数据进行输入操作,运算完成后,要输出运算结果,一个程序如果没有输出,则是没有任何意义的,输入/输出是程序中最基本的操作之一。输入/输出均是以计算机主机为主体。从输入设备(常见的输入设备是键盘、扫描仪等)向计算机输入数据的过程称为输入,从计算机输出设备(常见的输出设备是显示器、打印机等)输出数据的过程称为输出。

C 语言本身并不提供输入/输出语句,输入和输出操作是由库函数来实现的。标准库函数中提供了许多实现输入/输出操作的函数,使用这些标准输入/输出函数时,只要在程序的开始位置加上如下编译预处理命令即可:

```
#include<stdio.h> 或 #include"stdio.h"
```

它的作用是:将输入/输出函数的头文件 stdio.h 包含到用户源文件中。其中,h 是 head 的简写,意为头文件;std 是 standard 的简写,意为标准;i 是 input 的简写,意为输入;o 是 output 的简写,意为输出。

二、printf 函数基本形式

printf 函数称为格式输出函数,其功能是按用户指定的格式,把指定的数据输出到默认的终端(这里默认是显示器)。

基本形式:

```
printf("格式控制字符串",输出列表);
```

格式控制字符串用于指定输出格式,格式控制字符串可由格式字符串和字符串常量两种组成。其中字符串常量按照原样输出,格式字符串是以"%"开头的字符串,在%后面跟有各种格式字符,以说明输出数据的类型、形式、长度、小数位数等。表 1 – 4 是常用的格式字符。输出列表中给出格式控制字符串中的各个输出项,要求格式字符串和各输出项在数量和类型上应该一一对应,若输出的变量是多项,则需要用","进行分隔。

微课 1 – 7
格式化输出
函数 printf

表 1 – 4　输出格式字符及含义

格式字符	功能描述
d	以十进制形式输出带符号整数(正数不输出符号)

续表

格式字符	功能描述
o	以八进制形式输出无符号整数（不输出前缀0）
x 或 X	以十六进制形式输出无符号整数（不输出前缀0x）
u	以十进制形式输出无符号整数
f	以小数形式输出单、双精度实数,小数点默认6位小数
e 或 E	以指数形式输出单、双精度实数
c	输出单个字符
s	输出字符串

【例1】输出举例。

```
#include<stdio.h>
void main()
{
    int a=9;
    printf("未改变的值是%d\n",a);//"未改变的值是"是字符串常量,原样输出
    a=-900;
    //出现"%d"格式字符时则需要从输出列表中找到对应的值
    printf("改变后的值是%d\n",a);
}
```

运行结果是:

```
未改变的值是9
改变后的值是-900
```

提示：在程序运行期间可以改变的量是变量。

【例2】常见输出举例。

```
#include<stdio.h>
void main()
{
    int a=6;              //定义整型变量初始值是6
    char b='A';           //定义字符型变量初始值是A
    //定义单精度型变量初始值是12134.678,在输出时只能输出7位有效数字
    float c=12134.678;
    //定义双精度型变量初始值是12134.678,输出16位有效数字
    double d=12134.678;
    /*格式字符串中,%d,%c,%f,%f将会依次按照输出列表中a,b,c,d的顺序进行输出,而字符串常量
"a=,b=,c=,d="则原样输出*/
    printf("a=%d,b=%c,c=%f,d=%f\n",a,b,c,d);//多个变量输出,中间用","区分
}
```

运行结果是：

```
a=6,b=A,c=12134.677734,d=12134.678000
```

提示：变量 c 是单精度类型，其值只有前 7 位是有效的。

三、格式字符串

格式字符串的一般形式为：

`%[标志][输出最小宽度][.精度]类型`

方括号 [ ] 中的项为可选项。

1. 输出最小宽度

用十进制整数来表示输出的最少位数。若实际位数大于等于定义的宽度，则按实际位数输出，若实际位数少于定义的宽度，则补以空格。

【例3】最小宽度使用举例。

```c
#include <stdio.h>
void main()
{
    int a=9,b=90;
    printf("a=%d,b=%d\n",a,b);
    printf("a=%2d,b=%2d\n",a,b);
}
```

运行结果：

```
a=9,b=90
a= 9,b=90
```

提示：%nd 数据采取右对齐，左侧补空格。

2. 标志

常见标志是"-"，含义是结果左对齐，右边填空格。

【例4】标志使用举例。

```c
#include <stdio.h>
void main()
{
    int a=9,b=90;
    printf("a=%d,b=%d\n",a,b);
    printf("a=%-2d,b=%-2d\n",a,b);
}
```

运行结果是：

```
a=9,b=90
a=9 ,b=90
```

提示:% - nd 数据采取左对齐,右侧补空格。

3. 精度

精度格式符以"."开头,后跟十进制整数。本项的意义是:如果输出的是数字,则表示小数的位数;如果输出的是字符,则表示输出字符的个数;若实际位数大于所定义的精度数,则截去超过的部分。

【例5】精度举例。

```
#include<stdio.h>
void main()
{
    float a =123.457;
    printf("a = %.2f\n",a);         //.2 表示小数点后保留两位小数
}
```

运行结果是:

```
a=123.46
```

【例6】精度和最小宽度举例。

```
#include<stdio.h>
void main()
{
    float a =123.457;
    printf("a = %.2f\n",a);
    printf("a = %8.2f\n",a);
}
```

运行结果是:

```
a=123.46
a=   123.46
```

提示:%m.nf 形式表示最小宽度是 m,同时小数位数是 n,若宽度不够,数据右对齐,左侧补空格。

【例7】综合举例。定义两个变量 score1、score2,分别用来存放两个英语分数,那么如何将两个值进行交换呢?

思路:假设有两杯果汁,一号杯中放的是苹果汁,二号杯中放的是橙汁,如果要将两个杯子中的果汁互换呢?即一号杯中放的是橙汁,二号杯中放的是苹果汁。很显然,我们需要拿一个空杯子来实现。

具体过程如下:

①取一个空杯子。

②将一号杯中的苹果汁倒入空杯中。

③将二号杯中的橙汁倒入一号杯中。

④将空杯中的苹果汁倒入二号杯中。

依据上述过程，需要定义一个中间变量 temp，将 score1 看作一号杯苹果汁，将 score1 看作二号杯橙汁，借助 temp 实现两个数据的互换，互换过程如图 1-18 所示。

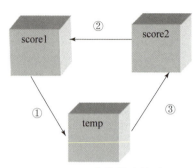

图 1-18 两个变量交换过程

算法实现：

①变量定义并赋值。

②输出未交换的值。

③将 score1 的值赋给 temp。

④将 score2 的值赋给 score1。

⑤将 temp 的值赋给 score2。

⑥输出交换后的值。

代码如下：

```c
#include <stdio.h>
void main()
{
    int score1,score2,temp;
    score1 = 97,score2 = 89;
    printf("未交换:score1 = %d,score2 = %d\n",score1,score2);
    temp = score1;
    score1 = score2;
    score2 = temp;
    printf("交换后:score1 = %d,score2 = %d\n",score1,score2);
}
```

运行结果是：

```
未交换：score1=97,score2=89
交换后：score1=89,score2=97
```

知识点 5 格式输入 – scanf 函数

一、scanf 函数基本形式

scanf 函数称为格式输入函数，概括来讲，就是通过计算机默认的输入设备（一般指键盘）向计算机主机输入数据，C 程序中通常是给变量输入值。

基本形式：

scanf("格式控制字符串",输入变量地址列表);

功能：从输入终端键盘按照"格式控制字符串"中规定的格式读取若干个数据，按照"输入变量地址列表"中变量的顺序，依次存入对应的存储空间。

格式控制字符串用于指定输入数据的基本格式，格式控制字符串可由格式字符串和字符串常量两种组成，格式字符串是以%开头的字符串，在%后面跟有各种格式字符，字符串常量需要用户按照原样进行输入。常见的输入格式字符见表1-5。输入变量地址列表由"&"和"变量名"组成，即"& 变量名"。若有多个输入项，则两个输入项中间用","分隔，同时，每个输入项前必须要有"&"。

微课 1-8
格式化输出函数 scanf

表 1-5　输入格式字符说明

格式字符	功能描述
d	输入十进制整数
o	输入八进制整数
x	输入十六进制整数
f	输入单精度实数
Lf 或 lf	输入双精度实数
c	输入单个字符
s	输入字符串

【例1】简单数据输入。

```
#include<stdio.h>
void main()
{
    char a;
    scanf("%c",&a);         //直接键盘输入一个字符给变量 c
    printf("a=%c\n",a);     //按照格式进行输出
}
```

运行结果是：

```
9
a=9
```

→ 键盘输入项，必须按照格式控制输入

提示：键盘上的数字 0~9 是字符常量的一种形式。

> **启示**[1]
>
> 输入函数 scanf 的输入项必须是地址量，否则，程序在运行时会出错。

将上述输入语句改成：scanf("a = %c",&a);

运行结果是：

```
a=A
a=A
```
→ 键盘输入项，必须按照格式控制输入

【例2】输入多个数据举例。

```c
#include<stdio.h>
void main()
{
    float a;
    double b;
    int c;
    //格式控制字符串中"a = ,b = ,c = "要按照原样进行输入
    scanf("a=%f,b=%Lf,c=%d",&a,&b,&c);
    printf("a=%f,b=%f,c=%d\n",a,b,c);
}
```

运行结果是：

```
a=123.45,b=12345.789,c=90
a=123.449997,b=12345.789000,c=90
```
→ 键盘输入项，必须按照格式控制输入

二、格式字符串

格式字符串的一般形式为：

% [*][输入数据宽度]类型

其中，有方括号 [ ] 的项为任选项，各项的意义如下：

(1) " * "符：用于表示该输入项，读入后不赋予相应的变量，即跳过该输入值。如：

scanf("%d%*d%d",&a,&b);

当输入为：1 2 3 时，把 1 赋予 a，2 被跳过，3 赋予 b。

---

[1] 遵循标准规范，严谨细致

1983 年 6 月，全国正在宣传、学习朱伯儒的事迹。中央军委主席邓小平同志特地为学习朱伯儒题了词："向朱伯儒同志学习，做一个名符其实的共产党员。"当时，邓小平同志嘱咐办公室的工作人员不要急于发表，应先请语言学家看看，有没有用字不准确的地方。办公室的同志找到语言学家王力先生。王老接过写在宣纸上的题词，戴上眼镜，看过后说："写得好。不过'符合'的'符'字目前已不再使用，如果这样使用，显得不大规范，最好改成'副'字。"邓小平同志得知此事后很高兴，马上提笔说："再重写一张，用字不规范，这样不好。"邓小平同志又铺开宣纸，一笔一画写了起来，字迹苍劲有力："向朱伯儒同志学习，做一个名副其实的共产党员。"工作中要作风严谨、认真细致、规范、有标准、一丝不苟。

（2）输入数据宽度：用十进制整数指定输入的宽度。

例如：scanf("%5d",&a);

若输入：12345678，只把12345赋予变量a，其余部分被截去。

又如：scanf("%4d%4d",&a,&b);

若输入：12345678，将把1234赋予a，而把5678赋予b。

输入时注意事项：

①scanf函数中没有精度控制，如：scanf("%5.2f",&a);是非法的，不能用此语句输入小数为2位的实数。

②在输入多个数值数据时，若格式控制串中没有非格式字符作输入数据之间的间隔，则需要用空格、Tab或回车键作间隔。C编译在碰到空格、Tab、回车键或非法数据（如对"%d"输入"12A"时，A即为非法数据）时，即认为该数据结束。

【例3】数值型数据连续输入。

```
#include<stdio.h>
void main()
{
    int a,b;
    scanf("%d%d",&a,&b);//两个数据之间必须用空格、Tab以及回车键分隔
    printf("a=%d,b=%d\n",a,b);
}
```

运行结果是：

键盘输入项，
必须按照格式控制输入

（3）在输入字符数据时，若格式控制串中无非格式字符，则认为所有输入的字符均为有效字符。

【例4】字符型数据连续输入。

```
#include<stdio.h>
void main()
{
    char a,b;
    scanf("%c%c",&a,&b);        //若输入A□B,则□是字符
    printf("a=%c,b=%c\n",a,b);
}
```

运行结果是：

```
A B
a=A, b=
```

若将中间的空格去掉，运行结果是：

```
AB
a=A,b=B
```

(4) 如果格式控制串中有非格式字符,则输入时也要输入该非格式字符。例如:

```
scanf("%d,%d,%d",&a,&b,&c);
```

其中,用非格式符",",作间隔符,故输入时应为:5,6,7
又如:scanf("a=%d,b=%d,c=%d",&a,&b,&c);
则应输入:a=5,b=6,c=7

知识点6　字符输入输出函数

微课1-9
单个字符输入输出

字符型数据的输入和输出除了可以使用 scanf 和 printf 之外,C 语言还提供了 putchar(字符输出函数)和 getchar(字符输入函数)函数,上述函数均包含在库文件 stdio 中。

一、字符输出 – putchar 函数

putchar 函数是单个字符输出函数,其一般形式如下:

```
putchar(c);
```

提示:c 可以是字符变量或字符常量,并且每个 putchar 函数只能输出一个字符。
说明:
① 当 c 为一个被单引号(英文状态下)引起来的字符时,输出该字符(注:该字符也可为转义字符)。
② 当 c 为一个介于 0~127(包括 0 及 127)之间的十进制整型数时,它会被视为对应字符的 ASCII 代码,输出该 ASCII 代码对应的字符。
③ 当 c 为一个事先用 char 定义好的字符型变量时,输出该变量所指向的字符。
例如:

```
putchar('A');        (输出大写字母A)
putchar(97);         (输出ASCII码值97对应的小写字母a)
putchar(x);          (输出字符变量x的值)
putchar('\n');       (输出换行,对控制字符则执行控制功能,不在屏幕上显示)
```

【例5】使用 putchar 函数输出单词"BOY"。

```
#include<stdio.h>
void main()
{
    char a,b,c;
```

```
    a = 'B',b = 'O',c = 'Y';
    putchar(a),putchar(b),putchar(c);
    putchar('\n');//输出换行符
}
```

以上程序可以不用定义变量,直接使用 putchar 函数输出相应的字符也可以实现。
将代码直接改为:

```
putchar('B'),putchar('O'),putchar('Y');
```

提示:对于较为复杂的输出形式,可以使用 printf 函数实现。

二、字符输入 – getchar 函数

getchar 函数是单个字符输入函数,其一般形式如下:

```
getchar();
```

功能:该函数从标准输入设备(一般为键盘)上输入一个可打印的字符,并将该字符返回为函数的值。通常把函数的返回值赋予一个字符变量,构成赋值语句,如:

```
char c;
c = getchar();
```

使用 getchar 函数还应注意几个问题:
①getchar 函数只能接受单个字符,输入数字也按字符处理。输入多于一个字符时,只接收第一个字符。
②使用本函数前,必须包含文件 "stdio. h"。
③该函数的括号内无参数。

【例6】运用 getchar 输入单个字符并显示。

```
#include < stdio.h >
void main()
{
    char c;
    printf("input a character \n");
    c = getchar();
    putchar(c);
}
```

常见编译错误与改正方法

本任务程序设计中经常出现的错误以及解决方案如下。

1. 变量未定义就使用
代码举例:

```
#include <stdio.h>
void main()
{
    a = 5;
    printf("a = %d\n",a);
}
```

错误显示：

`error C2065: 'a' : undeclared identifier`

解决方法：在程序开始部分加上整型变量 a 的定义 "int a;"。

2. 多个变量定义时同时赋值

代码举例：

```
#include <stdio.h>
void main()
{
    int a = b = 5;
    printf("a = %d,b = %d\n",a,b);
}
```

错误显示：

`error C2065: 'b' : undeclared identifier`

解决方法：变量的 a 和 b 的定义和初始化分开，将 "int a = b = 5;" 改写为 "int a = 5,b = 5;"，或者改写为先定义变量后初始化："int a,b;a = b = 5;"。

3. 将字符串赋给了字符变量

代码举例：

```
#include <stdio.h>
void main()
{
    char a = "a";
    printf("a = %c\n",a);
}
```

错误显示：

`error C2440: 'initializing' : cannot convert from 'char [2]' to 'char'`

解决方法：将字符串 "a" 改为字符 'a'。

4. scanf 函数中输入项未加 "&"

代码举例：

```
#include <stdio.h>
void main()
{
    int a;
```

```
    scanf("%d",a);
    printf("a = %d\n",a);
}
```

错误显示：运行程序，当输入整数后，程序没有反应。

解决方法：将语句"scanf("%d",a);"改为"scanf("%d",&a);"。

5. 变量命名不符合标识符命名规范

代码举例：

```
#include<stdio.h>
void main()
{
    int 2a;
    scanf("%d",&2a);
    printf("a = %d\n",2a);
}
```

错误显示：

`error C2059: syntax error : 'bad suffix on number'`

解决方法：将变量按照标识符命名规则进行命名，比如改为"int a2;"。

6. putchar 函数没有输出字符

代码举例：

```
#include<stdio.h>
void main()
{
    char a;
    a = getchar();
    putchar();
}
```

错误显示：

`error C2059: syntax error : ')'`

解决方法：将语句"putchar();"改为"putchar(a);"。

7. 输入实型数据时规定精度

代码举例：

```
#include<stdio.h>
void main()
{
    float a;
    scanf("%5.2f",&a);
    printf("a = %f\n",a);
}
```

程序问题：

程序没有报错，但是运行结果不是想要的内容。

```
1.23
a=-107374176.000000
```

解决方法：输入实型数据时不能规定精度。

任务实现

本任务主要通过定义一个卡余额变量并设置初始值，同时定义存款、取款变量并进行输入。在输入完存款金额后不再显示原有的信息，则需要使用到 stdlib 中的库函数，头文件 stdlib.h 即 standard library 标准库头文件。在该文件内包含了 C 语言最常用的系统函数，如 system、getenv、setenv，以及动态内存相关的 malloc、realloc、zalloc、calloc、free 等。system 函数可以调用一些 DOS 命令，比如 "system("cls");"，等于在 DOS 上使用 cls 命令，参考代码如下：

```c
#include<stdio.h>
#include<stdlib.h>  //引入头文件
void main()
{
    int count=50000;  //定义卡余额变量并设置初值50000
    int out,in;       //定义存款、取款变量
    printf("\t\t\t 请输入取款额度:");
    scanf("%d",&out);
    system("CLS");  //清屏
    printf("\t\t\t 请输入存款额度:");
    scanf("%d",&in);
    system("CLS");  //清屏
}
```

任务评价

通过本任务的学习，检查自己是否掌握了以下技能，在表格中给出个人评价。

评价标准	个人评价
能够在 Visual C++ 6.0 软件中新建 C++ Source File	
在主函数中编写代码，能够定义 ATM 自助存取款机卡余额变量并设置初始值，能定义存款、取款变量并进行输入	
编辑代码后，能够执行编译、连接、运行步骤调试程序	
注：A 完全能做到，B 基本能做到，C 部分能做到，D 基本做不到。	

任务1.3 判断存款数额的合理性及余额的变化

任务描述

当用户输入存款金额后,需要验证存款额度是否是 100 的整数倍,当符合条件时,则提示用户存款成功,同时,可以选择继续交易或者是退出,可以参考图 1-19~图 1-21 所示。

图 1-19 输入存款额度

图 1-20 不是 100 整数倍的提示

图 1-21 存款成功后页面

知识储备

知识点1 基本算术运算符

基本算术运算符按操作数个数,可分为单目运算符(含一个操作数)和双目运算符(含两个操作数)。其中,单目运算符的优先级一般高于双目运算符。

单目运算符:+(取正)、-(取负)。

双目运算符:+(求和)、-(求差)、*(求积)、/(求商)、%(求余)。

双目算术运算符表达式基本形式:

A 运算符 B

其中,A、B 可以是变量、常量或者是表达式,计算的结果就是表达式的值。

微课 1-10
算术、复合赋值
运算及表达式

常见基本运算符的用法见表1-6。

表1-6　常见基本算术运算符

运算符	含义	举例	结果
+	正号运算符（单目运算符）	+a	a的值
-	负号运算符（单目运算符）	-a	a的负值
*	乘法运算符（双目运算符）	a*b	a和b的乘积
/	除法运算符（双目运算符）	a/b	a除以b的商
%	求余运算符（双目运算符）	a%b	a除以b的余数
+	加法运算符（双目运算符）	a+b	a和b的和
-	减法运算符（双目运算符）	a-b	a和b的差

注意：

①算术运算符中的单目运算符+（正号）、-（负号）优先等级高于双目运算符。

②双目运算符优先级：*、/、%同级，+（加法）、-（减法）同级，前者高于后者。

③结合性：双目运算符的结合性是左结合性，单目运算符的结合性是右结合性。

例如：表达式 x*y/z-6.5+'f'，首先依据双目运算符中"乘、除、求余高于加、减"的规则计算子表达式"x*y/z"。乘、除是同一优先等级，就要考虑算术运算符的结合性（左结合性），先计算乘法再计算除法，得到结果后，按照从左向右依次计算加减法。

④除法运算：两个实数相除的结果是双精度实数，两个整数相除的结果是整数。如1/3.0的值为0.333333，3/5的值为0，-5/3的结果为-1。同时，除法结果的正负取决于除数和被除数两个数的符号，遵循"同号为正，异号为负"原则。

⑤求余运算（%）："%"要求参加运算的操作数必须是整数，同时结果也是整数。但是结果的正负只取决于被除数的正负。例如：5%3结果为2，-5%3结果为-2，5%-3结果为2，-5%-3结果为-2。

⑥赋值运算符的优先等级低于算术运算符，表达式"a=b+5"的计算顺序是先计算表达式b+5，然后将b+5的值赋给变量a。

【例1】给定一个小写字母，要求将字母的大小写字母输出。

程序分析：同一字母大写的ASCII码值比小写字母的ASCII码值小32，因此，可以根据这一特性完成大小写字母的相互转换。

```
#include<stdio.h>
void main()
{
    char c;
    c = 'g';
    printf("小写字母=%c,大写字母=%c\n",c,c-32);        //表达式
}
```

运行结果是：

```
小写字母=g,大写字母=G
Press any key to continue
```

【例2】输入一个两位整数，请分别输出其个位、十位数字。

程序分析：这是一个利用算术运算符中"/"和"%"完成的数据分裂问题。依据两个整数除法结果得到的是整数的运算规则可以求取十位上的数字，依据该数对10进行求余运算就可以得到个位数字。

```c
#include<stdio.h>
void main()
{
    int num,dig_1,dig_2;
    printf("请输入一个两位数:");
    scanf("%d",&num);
    dig_1 = num/10;
    dig_2 = num% 10;
    printf("%d 的十位数是%d,个位数是%d\n",num,dig_1,dig_2);
}
```

运行结果是：

```
请输入一个两位数：78
78的十位数是7,个位数是8
```

思考：如果是一个三位数呢？如何求出其百位、十位以及个位数字。

知识点2　复合赋值运算符

在赋值符"="之前加上其他双目运算符，可以构成复合赋值运算符，如 +=、-=、*=、/=、%=等，其结合性（右结合性）和优先等级不变。C语言采取这种复合运算符，一是为了简化程序，使程序精练；二是为了提高编译效率，能产生质量较高的目标代码。构成复合赋值表达式的一般形式为：

变量 双目运算符 = 表达式

它等价于：

变量 = 变量 运算符 表达式

例如：

a += 5 　　　　　等价于 a = a + 5
x *= y + 7 　　　等价于 x = x * (y + 7)
r% = p 　　　　　等价于 r = r% p

注意：运算符右侧的表达式如果包含了若干项，右侧会被当作一个整体。

赋值表达式也可以包含复合赋值运算符，例如，a+=a-=a*a，如果a的初始值为3，则计算表达式值的过程如下。根据赋值运算符的"右结合性"特点，先进行"a-=a*a"的计算，它相当于a=a-a*a，a的值为3-9=-6；再进行"a+=-6"的运算，它相当于a=a-6，a的值是-6-6，为-12，则表达式的值也为-12。

【例1】 赋值运算符综合使用。

```c
#include<stdio.h>
void main()
{
    int a,m=3,n=4;//定义整型变量
    a=m;
    printf("a=%d\n",a);
    a*=m+n;//复合的赋值运算,相当于a=a*(m+n)
    printf("a=%d\n",a);
}
```

运行结果是：

```
a=3
a=21
Press any key to continue_
```

微课1-11
关系运算符及关系表达式

知识点3　关系运算符

一、关系运算符基本介绍

在程序中经常需要比较两个运算量的大小关系，以决定程序下一步的工作。"关系运算"实际上就是"比较运算"，比较两个量大小关系的运算符称为关系运算符，而由关系运算符连接起来的表达式称为关系表达式。在 C 语言中有 6 种关系运算符：<（小于）、<=（小于等于）、>（大于）、>=（大于等于）、==（等于）、!=（不等于）。

关系运算符都是双目运算符，按照"从左向右"（左结合性）进行运算，其优先级如下：

①关系运算符的优先级低于算术运算符。

②关系运算符的优先级高于赋值运算符。

③在 6 个关系运算符中，<、<=、>、>= 的优先级相同，==、!= 优先级相同，而前者的优先级高于后者的。

二、关系运算符的运算规则

关系表达式的值是一个逻辑值，主要用来表示该表达式的关系是否成立，其值要么是"真"，要么是"假"。在 C 语言中，关系运算用"1"代表关系成立即"真"，用"0"代表关系不成即"假"。

例如：表达式"5＞0"的关系成立，则表达式的值是"真"，用1来表示表达式的值；表达式"（a＝3）＞（b＝5）"的值：由于3＞5不成立，故表达式不成立，其值为假，则表达式的值为0。

关系表达式中的"表达式"也可以是关系表达式，允许出现表达式嵌套的情况。例如：有变量a＝4，b＝3，c＝2，表达式a＞b＞c的值为0。具体计算过程如下：

首先依据关系运算符的左结合性，表达式a＞b＞c等价于（a＞b）＞c，即首先计算子表达式"a＞b"即4＞3关系成立，其值是1，再计算"1＞c"的值，显然关系不成立，从而得到整个表达式的值为0。

【例1】关系、算术以及赋值混合运算。

```
#include <stdio.h>
void main()
{
    char x = 'm',y = 'n';
    int t;
    t = x < y;           //比较字符型数据的ASCII码值
    printf("t = %d\n",t);
    t = x == y - 1;      //先计算减法，再计算关系运算，最后计算赋值
    printf("t = %d\n",t);
    t = ('y'! = 'Y') + (5 > 3) + (y - x == 1);   //括号改变了优先等级，先计算括号内
    printf("t = %d\n",t);
}
```

运行结果是：

知识点4　顺序结构

从程序流程的角度来看，程序可以分为三种基本结构，即顺序结构、选择结构、循环结构，它是一般的结构化程序所具有的通用结构，这三种基本结构可以组成所有的各种复杂程序。

顺序结构是C程序中最简单、最基本、最常见的一种程序结构，也是进行复杂程序设计的基础。在顺序结构中，各语句按照自上而下的顺序执行，执行完上一条语句就自动执行下一条语句，是无条件的，不需要做任何判断，赋值操作和输入/输出操作是顺序结构中最典型的操作。

用流程图表示顺序结构，如图1-22所示，表示先执行A操作，再执行B操作，两者是顺序执行的关系。

顺序结构的基本程序框架主要由三大部分组成：

①输入程序所需要的数据（定义程序中需要的变量以及初始化）；

图1-22　顺序结构

②进行运算和数据处理；
③输出运算结果。

在顺序结构中，程序的流程是固定的，不能跳转，只能按照书写的先后顺序逐条逐句地执行。

【例1】编写一个实现简单译码的程序，译码规律是：用原来的字母后第 n 个字母代替原来的字母（假定其后面的第 n 个字母在 z 之前）。

```c
#include<stdio.h>
void main()
{
    char c1,c2,c3,c4,c5;//定义字符型变量,对 5 个字母进行译码
    int n;//定义整型变量
    printf("n=");
    scanf("%d",&n);//从键盘输入 n 的值
    c1='C';c2='h';c3='I';c4='n';c5='a';//初始化原始字符的值
    printf("源码是:%c%c%c%c%c\n",c1,c2,c3,c4,c5);//输出源码
    c1+=n;//对字符进行译码运算
    c2+=n;
    c3+=n;
    c4+=n;
    c5+=n;
    printf("译码是:%c%c%c%c%c\n",c1,c2,c3,c4,c5);//输出加密后的结果
}
```

若 n=5，输入：5<回车>
运行结果是：

```
n=5
源码是:China
译码是:Hmnsf
Press any key to continue
```

知识点 5 选择结构

在顺序结构中，语句是按自上而下的顺序执行的，执行完上一条语句就自动执行下一条语句，其中没有跳跃也没有转向，是无条件的，不需要做任何形式的判断。而在现实的很多问题中，经常需要根据不同的条件而采用不同的操作，在执行时，需要根据某个条件是否满足来决定是否执行指定的操作，或者从给定的两种或多种操作中任选其一，这就是选择结构。

> **启示**[①]
> 选择结构是常用的程序设计结构，如同人生中会面临诸多选择一样。

[①] 鱼和熊掌不能兼得

不管是学习还是工作，每个人在自己人生路上都会面临诸多选择，每次的选择都有可能会影响到人生大格局。我们要树立正确的人生观和价值观，在不违背公德与本心的情况下取舍，当面临小家与大家的冲突时，我们要以大家为重，以国家利益、人民利益为重。

最基本的选择结构是当程序执行到某一语句时,要进行条件判断,从下面的执行路径中选择一条,所以选择结构又称为分支结构。其根据情况,可以分为单分支选择结构、双分支选择结构或者多分支选择结构(该结构将在下一任务中讲到)。

一、if 单分支选择结构

if 语句用来判断所给定的条件是否满足,根据判定的结果(真或假)决定执行某个分支程序段。单分支选择语句是 if 语句中最基本、最简单的使用形式,其基本形式如下:

```
if(表达式) {语句}
```

注意:

(1) "if(表达式)"后面不能加";",否则,其后面的语句与此 if 语句无关。

(2) 把多个语句用括号"{ }"括起来组成的一个语句称复合语句,在程序中,应把复合语句看成是单条语句,而不是多条语句。

微课 1-12
if 单分支选择结构

(3) if 表达式后面默认的语句只有一条,如果需要在条件成立时实现执行多条语句,则需要使用复合语句。

其语义是:如果表达式的值为真,则执行其后的语句,否则不执行该语句。if 语句中的表达式可以是任意类型的表达式,只要其结果为"非零",表达式即为真,否则为假。用流程图表示单分支选择结构,如图 1-23 所示。

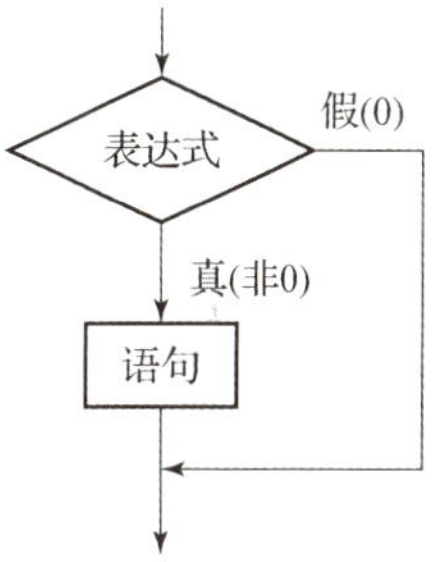

【例2】从键盘输入两个整数,要求找出两个数的最大值并输出。

程序分析:

求最大值时,通常的做法是:

①设置基准点最大值:将其中某一个数当作最大值。

②基准点最大值与另一个数进行比较:如果小于另一个数,说明另一个数是最大值,将基准点改为另一个数。

③输出最大值。

图 1-23 单分支选择结构流程图

```c
#include<stdio.h>
void main()
{
    int num1,num2,max;        //变量定义
    scanf("%d,%d",&num1,&num2);       //输入两个数据,中间用逗号分隔
    max=num1;      //设置最大值
    if(max<num2)    //比较
    {
        max=num2;
    }
    printf("%d,%d 中的最大值是:%d\n",num1,num2,max); //输出
}
```

运行结果是：

```
-89,899
-89,899中的最大值是：899
```

【例3】对输入的两个数按照升序进行排序。

程序分析：本程序只需要完成一次比较，即如果数1比数2大，则需要将两个数进行互换。

```c
#include<stdio.h>
void main()
{
    int num1,num2,t;
    scanf("%d,%d",&num1,&num2);
    if(num1>num2)
    {
        t=num1;
        num1=num2;
        num2=t;
    }
    printf("%d,%d\n",num1,num2);
}
```

运行结果是：

```
78,9
9,78
```

提示：一定注意两个值互换是三条语句，需要使用复合语句。

微课 1-13
if 双分支选择结构

二、if 双分支选择结构

双分支选择语句是 if 语句中最常见的使用形式，其基本格式是：

```
if(表达式)
 {语句1}
else
 {语句2}
```

语义是：如果表达式的值为真，则执行语句1，否则执行语句2，这里语句1和语句2可以是单条语句，也可以是复合语句。切记复合语句中的"{ }"不能省略。其执行过程可用流程图 1-24 来表示。

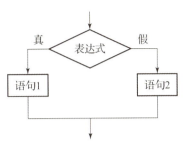

图 1-24 双分支选择结构流程图

【例4】求两个数的最大值。

```
#include<stdio.h>
void main()
{
    int num1,num2,max;
    scanf("%d,%d",&num1,&num2);
    if(num1>num2)
        {max=num1;}
    else
        {max=num2;}
    printf("%d,%d 的最大值是%d\n",num1,num2,max);
}
```

运行结果是：

```
789,98
789,98的最大值是789
```

微课 1-14
条件运算符及条件表达式

三、条件运算符

条件运算符由两个符号（？和:）组成，必须一起使用，要求有3个操作数，称为三目运算符，它是 C 语言中唯一的一个三目运算符，由条件运算符组成的表达式称为条件表达式。

条件表达式的一般形式为：

表达式1？表达式2：表达式3

其求值规则为：首先计算表达式1的值，如果表达式1的值为真，则以表达式2的值作为整个条件表达式的值，否则，以表达式3的值作为整个条件表达式的值，具体执行过程如图 1-25 所示。

使用条件运算符时，还应注意以下几点：

（1）条件运算符的运算优先级低于关系运算符和算术运算符，但高于赋值运算符。

（2）条件运算符的结合方向是"自右向左"。

（3）条件表达式通常用于赋值语句之中。

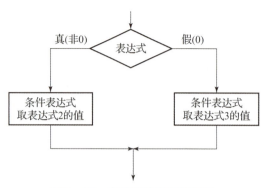

图1-25 条件运算符运算流程

【例5】运用条件运算符求两个数最大值。

```
#include<stdio.h>
void main()
{
    int num1,num2,max;
    scanf("%d,%d",&num1,&num2);
    max=num1>num2?num1:num2;
    printf("%d,%d 的最大值是%d\n",num1,num2,max);
}
```

运行结果是：

```
789,98
789,98的最大值是789
```

常见编译错误与改正方法

本任务程序设计中经常出现的错误以及解决方案如下：

1. 非整型数据参与了%（求余）运算

代码举例：

```
#include<stdio.h>
void main()
{
    int a=9;
    float b=3;
    printf("%f\n",a%b);
}
```

错误显示：

`error C2297: '%' : illegal, right operand has type 'float'`

解决方法：将语句"float b=3;"改为"int b=3;"。

2. 将关系运算符等于（==）写成了赋值运算符（=）

代码举例：

```
#include<stdio.h>
void main()
{
    int a=9;
    if(a%2=0)
    {
        printf("%d是偶数\n");
    }
}
```

错误显示：

`error C2106: '=' : left operand must be l-value`

解决方法：将 if 表达式语句 "a%2=0" 改写成 "a%2==0"。

3. if 表达式后加了不应该出现的分号

代码举例：

```
#include<stdio.h>
void main()
{
    int a;
    scanf("%d",&a);
    if(a>10);
    { printf("a>10\n");}
    else
    { printf("a<=10\n");}
}
```

错误显示：

`error C2181: illegal else without matching if`

解决方法：将 "if(a>10);" 中的分号去掉。

任务实现

本任务通过定义一个存款变量，通过 scanf 输入后，再判断其是否满足 100 的整数倍，如果不满足，则提示错误；反之，提示用户存款成功，同时余额发生变化。参考代码如下：

```
#include<stdio.h>
void main()
{
    intcount=50000; //定义卡余额变量并设置初值50000
    int out,in;     //定义存款、取款变量
    printf("\t\t\t\t请输入存款额度:");
    scanf("%d",&in);
    if(in%100!=0)
        {printf("\t\t\t\t请输入100的整数倍\n\n");}
```

```
        else
            {printf("\t\t\t\t存款成功\n\n");
        count += in;
    }
        system("CLS");//清屏
    }
```

任务评价

通过本任务的学习，检查自己是否掌握了以下技能，在表格中给出个人评价。

评价标准	个人评价
能够在 Visual C++ 6.0 软件中新建 C++ Source File	
在主函数中编写代码，定义 ATM 自助存取款机卡余额变量并设置初值，定义存款变量，并使用 scanf 语句接收存款额度的输入	
能够编写代码，实现判断存款额度是否是 100 的整数倍；如果不是，则提示错误；如果是，则提示用户存款成功，同时卡余额发生变化	
编辑代码后，能够执行编译、连接、运行步骤调试程序	
注：A 完全能做到，B 基本能做到，C 部分能做到，D 基本做不到。	

任务1.4 判断取款数额的合理性以及选取不同功能操作

任务描述

当用户输入了正确的密码后，进入 ATM 自助存取款机功能页面，用户可以根据自己的需要选择相关功能，参考图 1-26 所示。

图 1-26 功能选取

当用户输入了取款金额后,除了需要验证取款额度是否是 100 的整数倍外,还需要保证取款金额不能超过账户的余额,两者只要有一个条件不满足,均不能实现取款操作,当输入金额超过余额时,则参考图 1-27 所示。

图 1-27　余额不足

微课 1-15
逻辑运算符及
条件表达式

知识储备

知识点 1　逻辑运算符

一、逻辑运算符及其优先级

在程序设计中,有时要求判断的条件不是一个简单条件,而是由若干个给定的简单条件组成的复合条件。例如:"如果周三不下雨,我就去动物园玩。"这是由两个简单条件组合而成的复合条件,需要判断两个条件:①是否是周三;②是否下雨。只有这两个条件都满足,才会去动物园玩,在 C 语言中使用逻辑运算符来完成这些复合的条件运算。

C 语言中提供了三种逻辑运算符:&&(逻辑与)、||(逻辑或)和!(逻辑非)。

其中,逻辑与"&&"和逻辑或"||"是双目运算符,具有"左结合性"(从左向右)。逻辑非运算符"!"为单目运算符,具有"右结合性"(从右向左)。三者的优先级是:! → && → ||。逻辑运算符和其他运算符优先级的关系如图 1-28 所示。

```
单目运算符
算术运算符
关系运算符
&&和||
赋值运算符
```

图 1-28　运算符优先级

按照运算符的优先顺序,可以得出以下表达式的等价形式:

```
a>b&&c>d          等价于     (a>b)&&(c>d)
!b==c||d<a        等价于     ((!b)==c)||(d<a)
a+b>c&&x+y<b      等价于     ((a+b)>c)&&((x+y)<b)
```

二、逻辑运算符的值

由逻辑运算符连接起来的表达式称为逻辑表达式,逻辑表达式的值应该是一个逻辑量"真"或"假",C 语言编译系统在表示逻辑运算结果时,以数值 1 代表"真",以 0 代表"假",但是在判断一个量是否为"真"时,以 0 代表"假",以非 0 代表"真",即将一个非零的值认作"真"。

例如:

(1)有变量 a = -3,a 的值是非 0 则为真;只有当 a 的值是 0 时,a 才被认为是假。

(2)有语句:int a = 5,b = -9;表达式 a + b 的值为 -6,非零,为真。

三、逻辑运算求值规则

(1) 逻辑与运算"&&"：参与运算的两个量都为真时，结果才为真，否则为假。

例如：5>0&&4>2，由于5>0为真，4>2也为真，相与的结果为真。

5<0&&4>2，由于5<0为假，则相与的结果为假。

(2) 逻辑或运算"||"：参与运算的两个量只要有一个为真，结果就为真；只有两个量都为假时，结果为假。

例如：5>0||5>8 由于5>0为真，则相或的结果也就为真。

(3) 逻辑非运算"!"：参与运算的量为真时，结果为假；参与运算的量为假时，结果为真。

【例1】判断输入的字符是否是大写字母，如果是，输出 yes；反之，输出 no。

程序分析：字符型数据在内存中以 ASCII 码值形式存放，所以它和数值型数据一样，可以用来比较大小，大写字母的判断要满足两个条件：

① 大于等于'A'。
② 小于等于'Z'。

要使两个条件同时满足，需要使用逻辑与运算符。

```c
#include<stdio.h>
void main()
{
    char c;
    c=getchar();
    if(c>='A'&&c<='Z')
       {printf("yes\n");}
    else
       {printf("no\n");}
}
```

运行结果是：

```
G
yes
```

四、逻辑运算的短路规则

在逻辑表达式的求解中，并不是所有的逻辑运算都被执行，只有在必须执行下一个逻辑运算才能求出整个逻辑表达式的解时，才执行该运算，即只对能够确定整个表达式值所需要的最少数目的子表达式进行计算，我们称之为逻辑运算的短路规则。具体的规则如下：

(1) a&&b：只有 a 为真时，才需要判别 b 的值。如果 a 为假，依据逻辑运算符的运算规则，就能确定整个逻辑表达式的值，为此，就不需要判别 b 的值。

(2) a||b：只要 a 的值为真，就不必判断 b 的值。只有 a 为假，才判别 b。

【例2】逻辑运算符最少规则。

```
#include<stdio.h>
void main()
{
    int a=2,b=3,c=4,d=5,m=1,n=1;
    (m=a>b)&&(n=c>d);
    printf("m=%d,n=%d\n",m,n);
}
```

运行结果是：

m=0,n=1

分析：由于"a>b"的值为0，因此m的值为0，则（m=a>b）表达式的值为0，此时已能判定整个表达式不可能为真，不必再进行"n=c>d"的运算，因此n的值不是0，而仍然保持原值1。

知识点2　多分支选择结构

在很多实际问题中，经常会用遇到多于两个分支的情况，比如成绩的等级分为优秀、良好、中等、及格以及不及格5个层次。如果程序使用if语句的嵌套形式来处理，分支较多且不容易理解，为此，C语言提供了两种多分支选择结构：if多分支选择结构和switch语句多分支选择结构。

微课1-16
if多分支选择结构

一、if多分支选择结构

基本形式：

```
if(表达式1) {语句1;}
else if(表达式2) {语句2;}
else if(表达式3) {语句3;}
    …
else if(表达式m) {语句m;}
else {语句n;}
```

其语义是：依次判断表达式的值，当出现某个值为真时，则执行其对应的语句，然后跳到整个if语句之外继续执行程序；如果所有的表达式均为假，则执行语句n，然后继续执行其他程序。if-else-if语句的执行过程如图1-29所示。

【例1】从键盘随机输入一个整数作为成绩，将该成绩转换成相应的等级制，即90~100分是"优秀"，80~90分是"良好"，70~80分是"中等"，60~70分是"及格"，60分以下是"不及格"，输入的成绩要在0~100之间，否则，提示成绩有错。

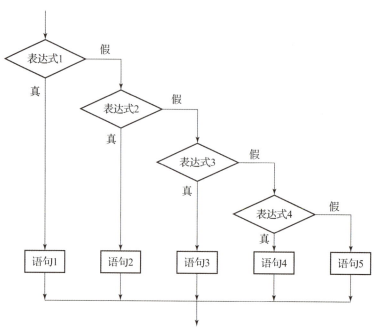

图 1-29 if 语句多分支结构

代码实现：

```
#include<stdio.h>
void main()
{
    int score;//定义成绩变量
    printf("请输入成绩:");
    scanf("%d",&score);//从键盘输入score的值
    if(score>100)//判断score是否大于100
        printf("成绩有错!\n");//输出成绩出错
    else if(score>=90)
        printf("优秀!\n");//输出优秀
    else if(score>=80)
        printf("良好!\n");//输出良好
    else if(score>=70)
        printf("中等!\n");//输出中等
    else if(score>=60)
        printf("及格!\n");//输出及格
    else if(score>=0)
        printf("不及格!\n");//输出不及格
    else
        printf("成绩有错!\n");//输出成绩出错
}
```

运行结果是：

```
请输入成绩:78
中等!
```

二、switch 多分支选择结构

学生的成绩等级（优、良、中、及格、不及格），人口的分类（老年、中年、青年、少年、儿童）等均属于典型的多分支选择结构。这些可以使用 if 语句的多分支选择结构，但是由于 if 语句分支太多，过于烦琐，使程序的可读性降低。C 语言提供了 switch 语句直接处理多分支结构，switch 语句也被称为开关语句，其使用起来比 if 语句更加方便灵活。

微课 1 – 17
switch 多分支选择结构

基本形式：

```
switch(表达式)
{
    case 常量表达式1:语句1;
    case 常量表达式2:语句2;
        ...
    case 常量表达式n:语句n;
    default         :语句n+1;
}
```

其语义是：首先计算表达式的值，并逐个与 case 后的常量表达式值相比较，当表达式的值与某个常量表达式的值相等时，即执行其后的语句，然后不再进行判断，继续执行后面所有 case 后的语句，直至结束。当表达式的值与所有 case 后的常量表达式均不相同时，则执行 default 后的语句，其流程如图 1 – 30 所示。

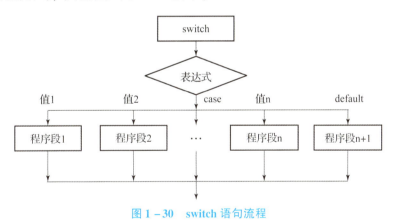

图 1 – 30　switch 语句流程

【例 2】设计 switch 多分支选择结构，输入相应的等级字符"A~E"，输出该字符对应的成绩，其他字符提示错误。

```
#include<stdio.h>
void main()
{
    char grade;
    grade=getchar();
    switch(grade)
```

```
            {
                case 'A':printf("90-100 分\n");
                case 'B':printf("80-90 分\n");
                case 'C':printf("70-80 分\n");
                case 'D':printf("60-70 分\n");
                case 'E':printf("<60 分\n");
                default:printf("error!\n");
            }
        }
```

运行结果是：

```
D
60-70分
<60分
error!
```

这个结果当然不是我们希望得到的，那么为什么会出现这种情况呢？这恰恰反映了 switch 语句的一个特点：在 switch 语句中，"case 常量表达式"只相当于一个语句标号，表达式的值和某标号相等，则转向该标号执行，但不能在执行完该标号的语句后自动跳出整个 switch 语句，所以出现了继续执行其后面所有 case 语句的情况。这是与前面介绍的 if 语句完全不同的，应特别注意。

为了避免上述情况，C 语言还提供了一种 break 语句。

基本格式是：

break;

专门用于跳出 switch 语句，break 语句只有关键字 break，没有参数，switch 语句的最后一个 case 子句或者是 default 子句可以不用加 break 语句。修改上面的程序，在每一个 case 语句之后增加 break 语句，使每一次执行之后均可跳出 switch 语句，从而避免输出不应有的结果。

修改后的程序是：

```
#include<stdio.h>
void main()
{
    char grade;
    grade=getchar();
    switch(grade)
    {
        case 'A':printf("90-100 分\n"); break;
        case 'B':printf("80-90 分\n"); break;
        case 'C':printf("70-80 分\n"); break;
        case 'D':printf("60-70 分\n"); break;
        case 'E':printf("<60 分\n"); break;
        default:printf("error!\n");
    }
}
```

运行结果是：

```
D
60-70分
```

注意：

（1）在 case 后的各常量表达式的值不能相同，否则会出现错误。

（2）在 case 后，允许有多个语句，可以不用 {} 括起来。

（3）各 case 和 default 子句的先后顺序可以变动，而不会影响程序执行结果。

（4）default 子句可以省略不用。

（5）多个 case 标号可以共用一组执行语句，例如：

```
case 'A':
case 'B':
case 'C':printf(">60\n"); break;
```

（6）case 只起到标号的作用，在执行 switch 语句时，根据表达式的值找到匹配的入口标号，就会在执行完一个 case 后面的语句后继续执行后面的所有标号，不再进行判断。如果想跳出 switch 语句，需要在 case 后面加上 break 语句。

知识点 3　if 语句嵌套

在 if 语句中又包含一个或者多个 if 语句，称为 if 语句的嵌套。

基本形式：

```
if(表达式) {if 语句}
```

微课 1-18
选择结构嵌套

或者为：

```
if(表达式) {if 语句}
else { if 语句}
```

在内嵌的 if 语句中可能又是 if-else 型的，这将会出现多个 if 和多个 else 重叠的情况，这时要特别注意 if 和 else 的配对问题。C 语言规定：在嵌套 if 语句中，if 和 else 按照"就近配对"的原则配对，即 else 总是和它上面相距最近且还未配对的 if 首先配对。

试分析下面的 2 组语句有何区别。

语句 1：

```
if(n%3 ==0)
    if(n%5 ==0) printf("%d 是 15 的倍数 \n",n);
    else printf("%d 是 3 的倍数但不是 5 的倍数 \n",n); //else 与第二个 if 配对
```

语句 2：

```
if(n%3 ==0)
```

```
{
    if(n%5 ==0) printf("%d是15的倍数 \n",n);
}
else printf("%d不是3的倍数 \n",n);   //else与第一个if配对
```

两个语句的差别虽然仅在于一对"{}",但逻辑关系却完全不同。

关于if嵌套语句的说明：

(1) if语句用于解决二分支的问题，嵌套if语句则可以解决多分支问题。两种嵌套形式各有特点，应用时注意区别，考虑一下是否可以互相替换。

(2) if中嵌套的形式较容易产生逻辑错误，而else中嵌套的形式配对关系则非常明确，因此从程序可读性角度出发，建议尽量使用在else分支中嵌套的形式。

【例1】有一个函数如下：输入一个x的值，要求输出相应的y值，编写程序实现功能。

$$Y = \begin{cases} -1 & (x < 0) \\ 0 & (x = 0) \\ 1 & (x > 0) \end{cases}$$

程序分析：该程序可以使用if语句嵌套来完成，具体实现流程图如图1-31所示。

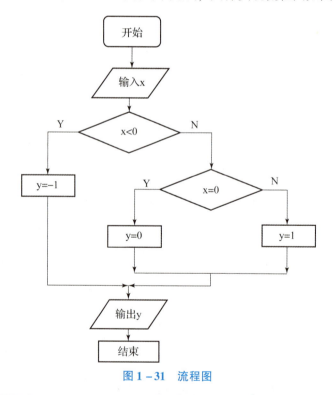

图1-31 流程图

```
#include <stdio.h>
void main()
{
    int x,y;//定义变量
```

```
        printf("请输入x的值:");
        scanf("%d",&x);//从键盘输入x的值
        if(x<0)//比较x与0的关系
            y = -1;
        else
            if(x>0)
                y = 1;
            else
                y = 0;
        printf("y的值是:%d\n",y);//输出y的值
}
```

运行结果是:

```
请输入x的值: 8
y的值是: 1
```

常见编译错误与改正方法

本任务程序设计中经常出现的错误以及解决方案如下。

1. else if 之间未加空格

程序举例:

```
#include<stdio.h>
void main()
{
    int a=9;
    if(a<0)
       {printf("a<0\n");}
    elseif(a<10)
       {printf("a<10\n");}
    else
       {printf("a>=10\n");}
}
```

错误显示:

```
error C2065: 'elseif' : undeclared identifier
error C2143: syntax error : missing ';' before '{'
error C2181: illegal else without matching if
```

解决方法:将语句"elseif(a<10)"改为"else if(a<10)"。

2. case 与其后面的数值型常量之间未加空格

程序举例:

```
#include<stdio.h>
void main()
{
    int a;
```

```
        scanf("%d",&a);
        switch(a)
        {
            case 1:printf("90-100 分\n"); break;
            case 2:printf("80-90 分\n"); break;
            case 3:printf("70-80 分\n"); break;
            case 4:printf("60-70 分\n"); break;
            case5 :printf("<60 分\n"); break;
            default:printf("error!\n");
        }
}
```

错误显示：

```
warning C4102: 'case5' : unreferenced label
```

解决方法：将"case5"中 case 与 5 之间加上空格。

3. switch 语句未加"{ }"

程序举例：

```
#include<stdio.h>
void main()
{
    int a;
    scanf("%d",&a);
    switch(a)
        case 1:printf("90-100 分\n"); break;
        case 2:printf("80-90 分\n"); break;
        default:printf("error!\n");
}
```

错误显示：

```
error C2046: illegal case
error C2043: illegal break
error C2047: illegal default
```

解决方法：将 switch 表达式后的所有语句用"{ }"括起来。

任务实现

本任务通过多分支选择结构实现，用户设定输入相应的数字并进入相关功能，同时，在取款时需要判断取款额度不能超余额，并且也要是 100 的整数倍，参考代码如下：

```
#include<stdio.h>
void main()
{
    intcount=50000;        //定义卡余额变量并设置初值50000
    int out,in,select;     //定义存款、取款变量，以及用户功能选择变量
    printf("\t\t\t\t_____\n");
```

```c
printf(" \t\t\t\t* |                                              |*\n");
printf(" \t\t\t\t* |                                              |*\n");
printf(" \t\t\t\t* |        1 -- 取款     3 -- 查询               |*\n");
printf(" \t\t\t\t* |        2 -- 存款     4 -- 退卡               |*\n");
printf(" \t\t\t\t* |                                              |*\n");
printf(" \t\t\t\t* |                                              |*\n");
printf(" \t\t\t\t* |_____|*\n");
printf(" \n\t\t\t\t");
scanf("%d",&select);
system("CLS");//清屏的命令。
if(select==1)  //取款业务实现
{
    printf(" \t\t\t\t 请输入取款额度:");
    scanf("%d",&out);
    system("CLS");
    if(out>count)
        printf(" \t\t\t\t 余额不足\n\n");
    else if(out%100!=0)
        printf(" \t\t\t\t 请输入100 的整数倍\n\n");
    else
    {
        printf(" \t\t\t\t 取款成功\n\n");
        count -= out;
    }
}
else if(select==2) //存款业务实现
{
    printf(" \t\t\t\t 请输入存款额度:");
    scanf("%d",&in);
    system("CLS");
    if(in%100!=0)
    {
        printf(" \t\t\t\t 请输入100 的整数倍\n\n");
    }
    else
    {
        printf(" \t\t\t\t 存款成功\n\n");
        count += in;
    }
}
else if(select==3)  //查询余额业务实现
{
    printf(" \t\t\t\t 余额:%d\n\n",count);
}
else if(select==4)  //退出业务
{
    printf(" \n\n\t\t\t\t 感谢使用\n");
    //退出程序
}
else
```

```
            printf("\t\t\t 输入错误,请重新选择。\n");
    }
```

任务评价

通过本任务的学习,检查自己是否掌握了以下技能,在表格中给出个人评价。

评价标准	个人评价
能够在 Visual C ++ 6.0 软件中新建 C ++ Source File	
在主函数中编写代码,能够使用多分支选择结构实现 ATM 自助取款机的选择功能,用户输入相应的数字则进入对应的功能界面,并执行取款、存款、查询余额或退款的功能	
在取款时,能够编写代码实现判断取款额度不能超余额,且是 100 的整数倍	
在存款时,能够编写代码实现判断存款额度是 100 的整数倍	
编辑代码后,能够执行编译、连接、运行步骤调试程序	
注:A 完全能做到,B 基本能做到,C 部分能做到,D 基本做不到。	

任务 1.5　校验用户密码

任务描述

用户插入银行卡后需要输入密码,只有输入正确的密码,才能进入 ATM 主功能页面选择接下来要进行的操作,密码输入只有三次机会,如果超过三次,系统会退出,参考图 1-32~图 1-34 所示。

图 1-32　输入密码

![密码错误，请重新输入:123456]

图1-33 密码输入错误提示并重新输入

![密码错误三次，退出系统。Press any key to continue]

图1-34 密码输入三次退出系统

知识储备

知识点1 自加、自减运算符

自加（自减）运算的作用是使单个变量的值加1（减1），属于单目运算符，有以下两种表示形式：

①前缀形式：++i，--i；

②后缀形式：i++，i--。

1. 前缀形式运算：自加、自减运算符在变量前面

有如下变量定义：

微课1-19
变量的自加与
自减运算

```
int i=5,j;j=++i;
```

前缀形式++i运算规则是：首先执行i自加，即i=i+1，再将i的值赋给++i，此时++i的值是i自加后的值，简单地说，就是先自加，后赋值。

表达式"j=++i"的计算过程：赋值运算符的优先级要低于算术运算符，为此，先进行自加运算，先自加，则变量i的值是6；后赋值，将i的值赋给表达式++i，则++i表达式的值为6；再将++i赋给j，j的值就是6。

浮点型变量也同样支持自增量运算，但是在实际编程中应该尽量避免对浮点型变量进行该运算。

2. 后缀形式运算：自加、自减运算符在变量后面

有如下变量定义：

```
int i=5,j;j=i++;
```

后缀式的i++运算规则是：首先执行赋值，即将i的值赋给i++；再执行i自加，即i=i+1，简单地说，就是先赋值，后自加。

表达式"j=i++"的计算过程：先赋值，即将i的值5赋给i++，则i++表达式的值为5；后自加，i自加变为6；将i++的值赋给j，则j的值为5。

自减的运算规则同自加，只是执行时是将值减1，而不是加1。

从上面两个例子中可以看出，不管是前缀运算还是后缀运算，对于变量i来讲，都没有任何的区别，只是有关自加、自减表达式的值会依据自加（自减）运算符的位置而有所不同。

注意：

（1）自加、自减运算只能用于变量，而不能用于常量或者表达式。

例如：9++、(a+b)++都是不合法的。

（2）不管是自加还是自减，对于运算变量来讲，结果都是一样的，都会使变量加1或者减1。不同的是，前缀和后缀表达式的结果不同。

【例1】自加和自减运算。

```c
#include<stdio.h>
void main()
{
    int m=3,n=4,a,b;      //定义整型变量
    a=++m;                //自加的前缀运算
    b=n--;                //自减的后缀运算
    printf("%d,%d\n",a,b);
    printf("%d,%d\n",m,n);
}
```

运行结果是：

```
4,4
4,3
```

3. 运算符的优先级和结合性

在C语言中，要想正确使用一种运算符，必须清楚这种运算符的优先级和结合性。当一个表达式中出现不同种类的运算符时，首先按照它们的优先级顺序进行运算，即先计算优先级高的运算符，再计算优先级低的运算符。当运算符的优先级相同时，则要根据运算符的结合性来确定表达式的运算顺序。结合性表示计算表达式时的结合方向，有两种结合方向：一种是"从右向左"（右结合性），一种是"从左向右"（左结合性）。

C语言中的部分单目运算符（自加++、自减--、逻辑非!、取正+、取负-）、赋值运算符和条件运算符是"右结合性"，其他运算符的结合性均是"左结合性"，具体可参考附录3。常用运算符的优先级顺序如图1-35所示。

图1-35　优先级

> **启示①**
>
> 在C语言中，表达式的运算过程中要遵循优先等级进行计算，同一等级要按照其结合性计算。

---

① 做事有规划，有轻重缓急

世界上的一切都必须按照一定的规则，秩序各就各位。以后人生中可能会面临诸多事情同时发生的问题，如何规划？做事之前分清轻重缓急，设定优先顺序，一件一件地做，这样你的效率自然会很高。有时也许会出现看似紧急实则无谓的事，这时，只有把握好"重要的事情优先"的原则，才能在繁杂的生活中有效地利用时间，让你的生活变得井然有序。

知识点 2　循环结构

一、循环概述

前面介绍了程序中常用的顺序结构和选择结构，但在实际中只有这两种结构是远远不够的，还会用到循环结构（或者称为重复结构）。比如：

在计算机中输入全班 30 位学生的数学成绩；（重复 30 次相同的输入操作）

求前 50 个正整数的和；（重复 50 次相同的加法操作）

验证 50 个学生的学号是否合格；（重复 50 次相同的判断操作）

银行卡密码输入不能超过三次；（重复 3 次输入密码操作）

要处理以上问题，最原始的方法是分别编写若干个相同或者是相似的语句或者程序段进行处理。比如：向计算机输入全班 30 位学生的数学成绩，程序段是：

```
scanf("%f",&math1);
```

然后再重复写 29 个同样的程序，虽然这种方法能够实现，但是不可取，而循环结构恰恰是处理重复操作的。大多数的应用程序都会包含循环结构，循环结构、顺序结构和选择结构是结构化程序设计的三种基本结构，它们是各种复杂程序的基本构成单元。

循环结构是程序设计中一种非常重要的结构，几乎所有的实用程序中都包含循环结构，应该牢固掌握。循环结构是当满足某种循环的条件时，将一条或多条语句重复地执行若干遍，直到不满足循序条件为止。这种结构可以使程序简单明了。构成循环的三个要素是循环变量、循环体和循环终止条件。

循环结构有两种类型：

1）当型循环结构

用流程图表示当型循环结构，如图 1 - 36（a）所示，表示当条件 P 成立时，反复执行 A 操作，当条件不成立时，循环结束。

2）直到型循环结构

用流程图表示直到型循环结构，如图 1 - 36（b）所示，表示先执行 A 操作，再判断条件 P 是否成立，若条件 P 成立，则反复执行 A 操作，直到条件 P 不成立时循环结束。

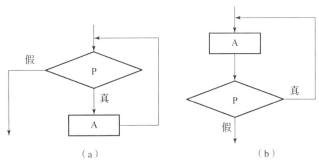

图 1 - 36　循环结构

(a) 当型循环结构；(b) 直到型循环结构

二、while 循环

while 循环体是典型的当型循环结构，其基本形式是：

```
while(表达式)
{循环体}
```

循环体可以是一条简单的语句，也可以是复合语句（用"{ }"括起来的若干条语句）。执行循环体的次数是由循环条件控制的，该循环条件就是基本形式中的"表达式"，它称为循环体条件表达式。当此表达式的值为"真"（非零）时，就执行循环体；为"假"（零）时，不执行循环体。其执行过程可用图 1-37 表示。

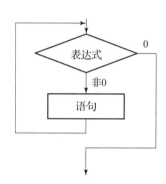

微课 1-20
循环结构 - while 语句

图 1-37 while 循环执行流程图

注意：

（1）while 语句中的表达式一般是关系表达式或者逻辑表达式，但也可以是任意一种类型表达式，只要表达式的值为真（非零），就可以执行循环体。

例如：

```
int a,b=5;
while(a=b){循环体}
```

题目中表达式是赋值表达式，而该赋值表达式的值为 5，即左值的值，不为 0，则执行循环体。若将 b 的值改成 0，则不执行循环体。

（2）循环体如含有一条以上的语句，则必须用"{ }"括起来，组成复合语句。

（3）while 语句的特点是先判断表达式，后执行循环体，所以循环有可能一次也不会执行（当表达式第一次计算就为假时）。

（4）"while（表达式）"后面不要加上"；"，如若加上，则循环体语句和此 while 循环没有关系，程序将不会得到想要的结果。

（5）循环体中需要有使循环趋于结束的语句，否则该循环就是一个死循环。通常情况下，循环体中有循环变量的增量或者减量，很多情况下使用自加、自减运算。

【例1】打印 10 个 "*"。

```
#include <stdio.h>
void main()
{
    int i =1;                //循环体变量的定义及初始化
    while(i <=10)            //循环表达式
    {
        printf("*");         //循环体语句 -- 打印"*"号
        i++;                 //循环体变量增值,使循环趋于结束
    }
    printf("\n");
}
```

运行结果是:

****

【例2】求前100个正整数的和，即 $\sum_{n=1}^{100} n$。

程序分析：这是一个循环求和问题，需要定义一个循环体变量、一个用来存放和的变量，循环体变量的初始值依据程序设定，求和变量初值一定要从0开始，具体实现流程图如1-38所示。

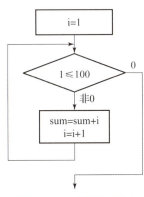

图1-38 求和流程图

```
#include <stdio.h>
void main()
{
    int i =1,sum =0;         //循环体变量的定义及初始化
    while(i <=100)           //循环表达式
    {
        sum = sum + i;       //循环体语句 -- 求和
        i++;                 //循环体变量增值
    }
    printf("sum = %d\n",sum);
}
```

运行结果是:

sum=5050

三、do while 循环

1. do while 循环结构语法

do while 循环是典型的直到型循环体，其基本形式：

```
do{循环体
}while(表达式);
```

其执行过程是：先执行循环体中的语句，然后判断表达式是否为真，如果表达式为真，则继续执行循环体；如果表达式为假，则终止循环。

do…while 语句的特点是：先无条件地执行循环体，然后再判断循环条件是否成立，若成立，再执行循环体。这和 while 语句不同，因此，do…while 循环语句中，循环体至少执行 1 次，其执行过程可用图 1-39 表示。

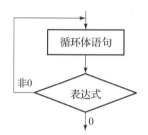

微课 1-21
循环结构 – do while 语句

图 1-39　do while 循环执行过程

注意：while（表达式）后面的";"不能省略。

【例 3】打印 10 个 "*"。

```
#include<stdio.h>
void main()
{
    int i=1;               //循环体变量的定义及初始化
    do{                    //循环
        printf("*");       //打印"*"号
        i++;               //循环体变量增值
    }while(i<=10);
}
```

【例 4】求前 100 个正整数的和，即 $\sum_{n=1}^{100} n$。

```
#include<stdio.h>
void main()
{
    int i=1,sum=0;         //循环体变量的定义及初始化
    do{                    //循环
```

```
        sum = sum + i;          //求和
        i++;                    //循环体变量增值
    }while(i <=100);
    printf("sum = %d\n",sum);
}
```

2. while 语句和 do while 语句比较

（1）在一般情况下，用 while 和 do…while 语句处理同一问题时，若二者是一样的（循环表达式一样且循环体语句一样），且 while 后面的表达式一开始就为真（非 0），那么它们的结果也一样。

（2）如果 while 后面的表达式第一次就为假（0），两者循环体的结果是不同的。

```
#include <stdio.h>
void main()
{
    int i =11,sum = 0;
    do
    {
        sum = sum + i;
        i++;
    }while(i <=10);
    printf("%d\n",sum);
}
输出的结果为:11
```

```
#include <stdio.h>
void main()
{
    int i =11,sum = 0;
    while(i <=10)
    {
        sum = sum + i;
        i++;
    }
    printf("%d\n",sum);
}
输出的结果为:0
```

可以得到结论：两种循环体处理同一问题（循环体相同、循环变量相同）时，当 while 后面的表达式第一次的值为"真"时，得到的结果相同；否则，两者得到的结果不同（这是因为 while 语句是先判断表达式的值再执行循环体，而 do…while 是先执行一次循环体再判断表达式，看循环是否继续进行下去）。

四、for 循环

1. for 循环基本形式

除了可以用 while 语句和 do…while 语句实现循环外，C 语言还提供了 for 语句实现循环，而且 for 语句更加灵活，不仅可以用于循环次数已经确定的情况，还可以用于循环次数不确定而只给出循环结束条件的情况，它完全可以替代 while 语句，其基本形式如下：

微课 1－22
循环结构－for 语句

```
for(表达式1;表达式2;表达式3)
{循环体语句}
```

三个表达式的主要作用是：
表达式 1：设置循环初始条件，该表达式在执行循环体过程中只执行一次，可以为零个、一个或者多个变量设置初值。

表达式2：是循环条件表达式，用来判定是否继续循环。在每次执行循环前，先执行此表达式，由表达式的值决定是否继续执行循环。

表达式3：通常是循环体变量的变化，该变化作为循环的调整，比如使循环变量增加或者减少某个固定的值。它是在执行完循环体后才进行的。

上述 for 语句的基本形式可以改为以下形式：

```
for(变量赋初值;循环条件表达式;循环变量的变化)
{循环体语句}
```

注意：

(1) 循环体语句如果有两条及以上语句，循环体需要用复合语句来表示。

(2) 变量赋初值在有的情况下是可以给非循环体变量赋值的。

(3) "for（变量赋初值；循环条件表达式；循环变量的变化)" 后面不能加 ";"，否则，循环体将是一条空语句。

例如：

```
for(sum=0,i=1;i<=10;i++)
{
sum += i;
}
```

for 语句的执行过程如下：

(1) 先求解表达式1，本例中完成了循环体变量 i 的赋值和非循环体变量 sum 的赋值。

(2) 求解表达式2，若表达式的值为真（非0即是真），则执行 for 语句中指定的循环体语句，然后执行第(3)步；若表达式的值为假（0即是假），则结束循环，转到第(5)步。

(3) 求解表达式3。本例中执行 i++，使 i 的值自加1。

(4) 转回上面第(2)步继续执行。

(5) 循环结束，执行 for 语句下面的一个语句。

其执行过程可用图 1-40 表示。

2. for 循环其他形式

(1) for 语句和 while 语句可以相互转换。for 语句的一般形式：

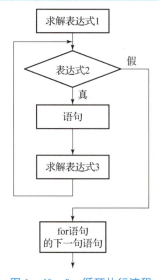

图 1-40 for 循环执行流程

```
for(表达式1;表达式2;表达式3)
{循环体语句}
```

可以改写为其等价的 while 语句形式如下：

```
表达式1;
while(表达式2)
{
循环体语句;
表达式3;
}
```

因此,在编写程序时,可以根据自己的习惯选择相应的循环体语句。

(2) for 循环中的"表达式1""表达式2"和"表达式3"都是选择项,即可以缺省,但各个表达式间的";"不能缺省。

(3) 省略了"表达式1",表示不对循环控制变量赋初值。

(4) 省略了"表达式2",表示设置循环检查的条件,此时循环将无条件地执行下去,成为死循环。

例如:

```
for(i=1;;i++)sum=sum+i;
```

相当于:

```
i=1;
while(1)
{sum=sum+i;
 i++;
 }
```

(5) 省略了"表达式3",则不对循环控制变量进行操作,为了保证循环有效,可在循环体语句中加入修改循环控制变量的语句。

例如:

```
for(i=1;i<=10;)
{
sum=sum+i;
i++;
}
```

(6) "表达式1"和"表达式3"可以省略。

例如:

```
for(;i<=10;)
{
  sum=sum+i;
  i++;
}
```

(7) 3 个表达式都可以省略。

例如:for(;;) 语句

相当于:while(1) 语句

【例5】求前100个正整数的和，即 $\sum_{n=1}^{100} n$。

代码实现：

```c
#include<stdio.h>
void main()
{
    int i,sum=0;            //变量的定义
    for(i=1;i<=100;i++)
    {
        sum=sum+i;          //求和
    }
    printf("sum=%d\n",sum);
}
```

【例6】输入一个数，求其365次方并输出。

代码实现：

```c
#include<stdio.h>
void main()
{
    int i;
    double p=1.0,x;
    scanf("%lf",&x);
    for(i=1;i<=365;i++)
    {
        p*=x;
    }
    printf("%lf 的365次方是%lf\n\n",x,p);
}
```

当输入0.99时，结果是：

```
0.99
0.990000的365次方是0.025518
```

当输出1.01时，结果是：

```
1.01
1.010000的365次方是37.783434
```

启示[1]

0.99的365次方和1.01的365次方结果相差甚远。

---

[1] 不积跬步，无以至千里

习总书记说过："读书是一个长期的需要付出辛劳的过程，不能心浮气躁、浅尝辄止，而应当先易后难、由浅入深、循序渐进、水滴石穿。"正如荀子在《劝学篇》中所说："不积跬步，无以至千里；不积小流，无以成江海。"现实中，不少人都有长期坚持、积少成多，最后取得惊人收获的经历。正如我们的脱贫攻坚战，从2015年11月29日中共中央国务院关于打赢脱贫攻坚战的决定发布，到2021年2月25日习主席庄严宣告：我国脱贫攻坚战取得了全面胜利！每天努力一点点，一年就是一大步。

知识点3　循环跳转

上面介绍的实例都是根据事先指定的循环条件正常执行和终止循环，但在很多情况下需要提前结束正在执行的循环操作。比如，征集慈善募捐，总金额达到15万元就结束。该问题需要用循环来解决，但是事先并不能确定循环次数，只是在每次募捐时需要判断一下得到的总金额是否超过15万元，如果超过，则终止循环，如果没有超过，则继续募捐。在C语言中可以使用break语句和continue语句来实现提前终止循环。

微课1-23
循环跳转break
与continue

一、break 语句

break 语句基本形式：

```
break;
```

break 语句不能用于循环语句和 switch 语句（开关语句）之外的任何其他语句中。

当 break 语句用于开关语句 switch 中时，可使程序跳出 switch 语句继而执行 switch 以后的语句；如果没有 break 语句，则将继续执行 switch 语句而无法退出。break 语句在 switch 语句中的用法已在前面介绍开关语句时的例子中碰到，这里不再举例。

当 break 语句用于 do while、for、while 循环语句中时，使程序跳到循环体语句之外，提前结束循环，接着执行循环体下面的语句，通常 break 语句总是与 if 语句联在一起，即满足条件时便跳出循环。

【例1】输出从1到N的累加和超出100的最小整数N。

程序分析：这是一个典型的求和问题，但是程序的终止条件并不是通过循环表达式来确定的，需要在循环体中使用条件语句实现，当满足和大于100时，则循环结束。

代码实现：

```c
#include<stdio.h>
void main()
{
    int i=1,sum=0;//循环体变量的定义
    while(1)      //循环次数不确定,直接写1即可
    {
        sum+=i;
        if(sum>100) break;
        i++;
    }
    printf("i=%d,sum=%d\n\n",i,sum);
}
```

运行结果是：

```
i=14, sum=105
```

提示：对于循环次数不确定但明确说明循环结束条件时，一般使用 while 与 break 相结合的方式实现，其一般形式如下：

```
while(1)                //无限循环
{
    ...
    if(条件) break;      //满足条件后循环结束
}
```

二、continue 语句

continue 语句基本形式：

```
continue;
```

continue 语句只能运用在循环体语句中，作用是结束本次循环，即跳过循环体中下面尚未执行的语句，继续进行下一次是否执行循环的判定。

> **启示**[①]
>
> continue 语句和 break 语句的区别是：continue 语句只结束本次循环，而不是终止整个循环的执行；而 break 语句则是结束整个循环过程，不再判断执行循环的条件是否成立。

【例2】输出 100~200 之间能被 3 整除的数。

代码实现：

```c
#include<stdio.h>
void main()
{
    int i;                          //定义变量
    for(i=100;i<=200;i++)           //for 循环
    {
        if(i%3!=0) continue;        //不能被3整除结束本次循环,继续判断下一次
        printf("%d",i);             //打印 i 的值
    }
}
```

运行结果是：

```
102 105 108 111 114 117 120 123 126 129 132 135 138 141 144 147 150 153 156 159
162 165 168 171 174 177 180 183 186 189 192 195 198
```

---

① 知足常乐

通过《渔夫和金鱼》的故事，我们了解了渔夫的善良、比目鱼的知恩图报，也劝诫自己不要做渔夫妻子那样贪心、不知足的人。生活中，做人不要太贪得无厌，要懂得知足常乐，过度贪婪的后果必定是一无所有。"知足常乐"告诉我们，一个懂得知足的人，往往知道能够"知止"，因为"知止"，所以凡事总能游刃有余、点到即止，继而总能无往不胜，"知足常乐"是"过来人"的人生感悟，亦是一种"智慧"。

如何将上述结果输出每行6个？

说明：

（1）上述例题实际上可以不使用 continue 语句，直接将循环体中的语句改为"if（i%3==0）printf("%d",i);"即可。在实际编程中，读者根据自己的习惯实现即可。

（2）continue 语句常与 if 条件语句一起使用，用来加速循环。

（3）continue 语句并不是终止整个循环，而是提前结束本次循环。

常见编译错误与改正方法

本任务程序设计中经常出现的错误以及解决方案如下：

1. 参与自加、自减运算的不是变量

程序举例：

```c
#include<stdio.h>
void main()
{
    int a=2,b=3;
    (a+b)++;
    printf("a=%d,b=%d\n\n",a,b);
}
```

错误显示：

`error C2105: '++' needs l-value`

解决方法：将语句"（a+b)++;"改为单个变量的自加运算即可，比如"a++,b++;"。

2. for 循环中表达式3后多了一个";"

程序举例：
```c
#include<stdio.h>
void main()
{
    int i,sum=0;
    for(i=1;i<=10;i++;)
    {
        sum+=i;
    }
    printf("sum=%d\n",sum);
}
```

错误显示：

`error C2059: syntax error : ';'`

解决方法：将"i++"后面的分号去掉。

3. do while 语句中"while（表达式）"后缺少分号";"

程序举例：

```c
#include<stdio.h>
void main()
{
    int i=1,sum=0;
    do{
        sum+=i;
    }while(i<=10)
    printf("sum=%d\n",sum);
}
```

错误显示：

`error C2146: syntax error : missing ';' before identifier 'printf'`

解决方法：在"while(i<=10)"后面加上";"。

4. 未编写能使循环趋于结束的语句

程序举例：

```c
#include<stdio.h>
void main()
{
    int i=1,sum=0;
    do{
        sum+=i;
        i+1;
    }while(i<=10);
    printf("sum=%d\n",sum);
}
```

警告显示：

`warning C4552: '+' : operator has no effect; expected operator with side-effect`

此程序是一个无限次循环语句，解决方法：将语句"i+1;"改为"i++;"或者"i=i+1;"。

5. for( )中的分号未写

程序举例：

```c
#include<stdio.h>
void main()
{
    int i=1,sum=0;
    for()
    {
        if(sum>50) break;
        sum+=i;
        i++;
    }
```

```
    printf("sum = %d\n",sum);
}
```

错误显示：

```
error C2143: syntax error : missing ';' before ')'
error C2143: syntax error : missing ';' before ')'
```

解决方法：将"for( )"改为"for(; ;)"。

6. break 语句用在了非循环语句或者非 switch 语句中
程序举例：

```
#include <stdio.h>
void main()
{
    int a = 4,b = 5;
    if(a < b) break;
    a ++ ,b ++ ;
    printf("%d,%d\n",a,b);
}
```

错误显示：

```
error C2043: illegal break
```

解决方法：break 语句只能用在循环体语句或者 switch 语句中。

7. continue 语句用在了非循环体语句中
程序举例：

```
#include <stdio.h>
void main()
{
    int a = 4,b = 5;
    if(a < b) continue;
    a ++ ,b ++ ;
    printf("%d,%d\n",a,b);
}
```

错误显示：

```
error C2044: illegal continue
```

解决方法：continue 语句只能用在循环体语句中。

任务实现

密码校验需要使用循环来实现，同时，当用户输入密码超过三次时，系统自动退出，参考代码如下：

```c
#include<stdio.h>
#include<stdlib.h>
void main()
{
    int count =50000;
    int in,out,select,key,i,t;//定义变量
    printf(" \t\t\t\t*****************************************\n");
    printf(" \t\t\t\t*_____*\n");
    printf(" \t\t\t\t*|                                   |*\n");
    printf(" \t\t\t\t*|                                   |*\n");
    printf(" \t\t\t\t*|          欢迎使用建设银行ATM机      |*\n");
    printf(" \t\t\t\t*|                                   |*\n");
    printf(" \t\t\t\t*|                ^_^                |*\n");
    printf(" \t\t\t\t*|                                   |*\n");
    printf(" \t\t\t\t*|                                   |*\n");
    printf(" \t\t\t\t*|_____|*\n");
    printf(" \t\t\t\t*                                     *\n");
    printf(" \t\t\t\t*****************************************\n\n\n");
    for(i =1;i <=3;i++ )
    {
        scanf("%d",&key);
        system("CLS");
        if(key ==123456)
        {
            printf(" \t\t\t\t_____ \n");
            printf(" \t\t\t\t*|                                   |*\n");
            printf(" \t\t\t\t*|                                   |*\n");
            printf(" \t\t\t\t*|        1 -- 取款 3 -- 查询         |*\n");
            printf(" \t\t\t\t*|        2 -- 存款 4 -- 退卡         |*\n");
            printf(" \t\t\t\t*|                                   |*\n");
            printf(" \t\t\t\t*|                                   |*\n");
            printf(" \t\t\t\t*|_____|*\n");
            printf(" \n\t\t\t\t");
            scanf("%d",&select);
            system("CLS");//清屏的命令
            if(select ==1)   //取款业务实现
            {
                {
                    printf(" \t\t\t\t 请输入取款额度:");
                    scanf("%d",&out);
                    system("CLS");
                    if(out >count)
                        printf(" \t\t\t\t 余额不足 \n\n");
                    else if(out% 100! =0)
                        printf(" \t\t\t\t 请输入100 的整数倍 \n\n");
                    else
                    {
                        printf(" \t\t\t\t 取款成功 \n\n");
                        count -= out;
                    }
                }
```

```
            }
        }
        else if(select ==2) //存款业务实现
        {
            {
                printf(" \t\t\t\t 请输入存款额度:");
                scanf("%d",&in);
                system("CLS");
                if(in% 100! =0)
                {
                    printf(" \t\t\t\t 请输入100 的整数倍 \n\n");
                }
                else
                {
                    printf(" \t\t\t\t 存款成功 \n\n");
                    count += in;
                }
            }
        }
        else if(select ==3)  //查询余额业务实现
        {
            printf(" \t\t\t\t 余额:%d\n\n",count);
        }
        else if(select ==4)  //退出业务
        {
            printf(" \n\n\t\t\t\t 感谢使用 \n");
        }
        else
        {
            printf(" \t\t\t\t 输入错误,请重新选择。\n");
        }
        break;
    }
    else if(i ==3)
    {
        printf(" \t\t\t\t 密码错误三次,退出系统。\n");
        break;
    }
    else
        printf(" \t\t\t\t 密码错误,请重新输入:");
}
}
```

任务评价

通过本任务的学习,检查自己是否掌握了以下技能,在表格中给出个人评价。

评价标准	个人评价
能够在 Visual C ++ 6.0 软件中新建 C ++ Source File	

续表

评价标准	个人评价
在主函数中编写代码,能够完成 ATM 自助存、取款机密码校验功能,且使用循环语句实现当用户输入错误密码超过三次时,系统自动退出	
能够编写代码实现,在用户输入正确密码时,使用多分支选择结构实现 ATM 自助取款机的选择功能,用户输入相应的数字则进入对应的功能界面,并执行取款、存款、查询余额或退款的功能	
在取款时,能够编写代码实现判断取款额度不能超余额,且是 100 的整数倍	
在存款时,能够编写代码实现判断存款额度是 100 的整数倍	
编辑代码后,能够执行编译、连接、运行步骤调试程序	
注：A 完全能做到,B 基本能做到,C 部分能做到,D 基本做不到。	

任务 1.6　运用函数实现存取款等功能

任务描述

项目在实现的过程中,所有的代码均写在 main 函数中,导致函数中代码量过大,同时,用户在取、存款后,还可以依据用户的选择是否继续进行取、存款,这些功能均要借助函数来实现。本任务就是将功能实现分别定义在不同的函数中,main 函数只负责调用相关操作即可,参考页面如图 1-41 和图 1-42 所示。

图 1-41　取款

图 1-42　存款

知识储备

知识点 1　无参函数的定义与调用

微课 1-24
无参函数的定义
与调用

从用户使用的角度来看，函数分为两种：标准函数和用户自定义函数。

（1）标准函数即库函数，它是由系统提供的，用户不需要自己定义而直接调用它们。不同的 C 语言编译系统提供的库函数的数量和功能会有一些不同，当然，许多基本的函数是共同的，比如：格式输入 scanf 函数、格式输出 printf 函数、字符输出 getchar 函数、字符输出 putchar 函数等。

（2）自定义函数，是用于解决用户特定功能需要的函数。

> **启示**[①]
> 复杂功能实现中，经常会使用多个自定义函数。

从函数的形式来看，函数分为两类：

（1）无参函数：在调用无参函数时，主调函数不向被调函数传递数据。无参函数一般用来执行指定的一组操作，其可以带回或不带回函数值。

（2）有参函数：在调用有参函数时，主调函数在调用被调函数时，通过参数向被调函数传递数据（此部分内容将在项目二讲解）。

一、无参、无返回值函数的定义

无参函数是指函数定义、函数说明及函数调用中均不带参数。主调函数和被调函数之间不进行参数传送。此类函数通常用来完成一组指定的功能，可以返回或不返回函数值。

无参、无返回值函数定义的基本形式：

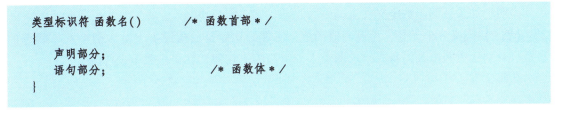

说明：

（1）类型标识符和函数名称为函数首部，类型标识符指明了本函数的类型，函数的类型实际上是函数返回值的类型。该类型标识符与前面介绍的各种说明符相同。

（2）函数名是由用户定义的标识符，函数名后有一个空括号，其中无参数，但括号不可少。

[①]　团队合作，分而治之

团结就是力量，团结才能胜利。"一丝不线，单木不林"，一个人的力量终归是薄弱的，对于复杂 C 程序，通常需要借助多个函数来实现。现实生活和工作中也需要团队合作，同学之间通过互相合作，取长补短。团结协作是一切事业成功的基础，个人和团队只有依靠团结的力量，才能把个人的愿望和团队的目标结合起来，超越个体的局限，发挥团体的协作作用，产生 1+1>2 的效果。

(3)"{ }"中的内容称为函数体,在函数体中声明部分,是对函数体内部所用到的变量的类型说明。

(4)函数无返回值,此时函数类型符是 void。

例如:无返回值函数的定义。

```
void Hello()
{
    printf("Hello,world \n");
}
```

二、无参、无返回值函数的调用

1. 函数调用

无参、无返回值函数调用均是以函数语句的方式调用函数,基本形式是:

函数名();

函数调用加上";"即构成了函数语句,例如,"Hello();"就是调用自定义函数 Hello。

2. 被调用函数的声明

在主调函数中调用某函数之前,应对被调函数进行声明,这与使用变量之前要先进行变量声明是一样的。在主调函数中对被调函数作声明的目的是使编译系统知道被调函数返回值的类型,以便在主调函数中按此种类型对返回值做相应的处理。

若主调函数在被调函数前面(在同一个文件中),即被调函数定义在主调函数的后面,应该在主调函数中对被调函数作声明,其一般形式为函数首部加上分号";",即:

类型标识符 被调函数名();

说明:如果被调函数定义在主调函数之前,则不需要声明。

【例1】定义一个无参、无返回值函数,实现的功能是:从键盘上输入两个互不相等的整数,分别代表两个人的身高,求两个人的身高的平均值,在主函数中进行测试。

代码实现:

```
#include<stdio.h>
void avg_height()                          //自定义函数 avg_height
{   int height_a,height_b;                 /*定义两个整数*/
    float avg;                             /*平均值可能出现小数,所以用浮点型*/
    printf("请输入两个人的身高:");
    scanf("%d%d",&height_a,&height_b);     /*由键盘连续输入两个值*/
    avg=(height_a+height_b)/2.0;           /*两个整数相除,结果为整数,所以将2改为2.0*/
    printf("两人的平均身高 avg=%.2f\n",avg);
}
void main()
{
    avg_height();/*在主函数中调用 avg_height 函数*/
}
```

运行结果是：

```
请输入两个人的身高:178 191
两人的平均身高avg=184.50
```

三、无参、有返回值函数的定义

函数的值是指函数调用之后，执行函数体中的程序段所取得的并返回给主调函数的值，函数的返回值是通过函数中的 return 语句获得的，return 语句的一般形式为：

`return 表达式;`

该语句的功能是计算表达式的值，并返回给主调函数。在函数中允许有多个 return 语句，但每次调用只能有一个 return 语句被执行，因此只能返回一个函数值。

对函数的值（或称函数返回值）有以下说明：

（1）函数类型标识符和函数定义中 return 语句返回的类型应保持一致，如果两者不一致，则以函数类型标识符为准，自动进行类型转换。

（2）如函数类型标识符为整型，在函数定义时，可以省去类型说明。

（3）不返回函数值的函数，可以明确定义为"空类型"，类型标识符为"void"。一旦函数被定义为空类型后，就不能在主调函数中使用被调函数的函数值。

（4）为了使程序有良好的可读性并减少出错，凡不要求返回值的函数，都应定义为空类型。

四、无参、有返回值函数的调用

通常情况下，有返回值函数作为表达式中的一项出现在表达式中，以函数返回值参与表达式的运算，基本形式如下（将其运用在赋值表达式中是比较常见的一种形式）：

`变量=函数();`

也可以直接将函数返回值借助 printf 函数打印出来，基本形式如下：

`printf("格式控制字符串",函数());`

切记：函数名后面的"()"不能省略。

【例2】定义一个无参、有返回值函数，实现的功能是：从键盘上输入两个互不相等的整数，分别代表两个人的身高，求两个人的身高的平均值，在主函数中进行测试。

```c
#include <stdio.h>
float avg_height()
{   int height_a,height_b;              /*定义两个整数*/
    float avg;                          /*平均值可能出现小数,所以用浮点型*/
    printf("请输入两个人的身高:");
    scanf("%d%d",&height_a,&height_b);
    avg=(height_a+height_b)/2.0;    /*由键盘输入两个值*/
                                    /*两个整数相除结果为整数,所以将2改为2.0*/
```

```
    return avg;                   /*返回平均值*/
}
void main()
{   float avg_m;
    avg_m=avg_height();           /*在主函数中调用avg_height函数*/
    printf("两人的平均身高avg_m=%.2f\n",avg_m);
}
```

运行结果是：

```
请输入两个人的身高:178 191
两人的平均身高avg_m=184.50
```

知识点2　变量的作用域

在之前见过的程序中，变量均是在函数内定义的，这些变量也只在本函数内有效，离开了本函数，变量就无法使用。这种变量有效性的范围称变量的作用域。C语言中所有的变量都有自己的作用域，变量说明的方式不同，其作用域也不同。在C语言中，变量按作用域范围，可分为两种：局部变量和全局变量。

一、局部变量

在函数内或者是复合语句内定义的变量称为局部变量（也称内部变量），作用域只在本函数内或者本复合语句内有效，即离开了函数或者复合语句，就不能再访问该变量。

例如：

```
void fun1()
{
int a,b;//a,b是fun1函数内的局部变量,只在该函数内有效
…
}
void fun2()
{
float a,c;//a,c是fun2函数内的局部变量,只在该函数内有效
…
}
void main()
{
int a,b,c;    //a,b,c是主函数内定义的局部变量,只在主函数内有效
}
```

局部变量的几点说明：

（1）主函数内定义的变量也只在主函数内有效，并不因为在主函数中定义而在整个文件中有效。同时，主函数也不能使用其他函数定义的局部变量。

（2）在不同函数内可以定义同名的变量，它们代表不同的对象，有各自的作用域，互

不干扰，如上例fun1()函数内的a和fun2()函数内的a是不同的变量，只在自己所在的函数中有效。

（3）在函数内部可以有复合语句，该复合语句也称为"程序块"或"分程序"。在复合语句内可以定义局部变量，一旦离开了复合语句，局部变量就无效，系统会把它占用的内存释放掉。

例：

```
void main()
{
    int a,b;      //a,b属于主函数内的局部变量
    ...
    {
      int c;//c变量属于复合语句内的局部变量,只在本语句内有效
      c = a + b;
    }
    ...
}
```

（4）在函数内和复合语句内如果定义了同名的局部变量，则在复合语句作用域内，函数内的局部变量会被屏蔽掉，有效的是复合语句内的局部变量。

【例1】复合语句和函数内局部变量同名。

```
#include <stdio.h>
void main()
{
    int a = 0,i = 0;              //主函数内的局部变量
    {
      int i = 1;                  //复合语句内定义了局部变量i
      a ++ ;i ++ ;
      printf("i = %d,a = %d\n",i,a);//输出i和a的值,i是复合语句内的局部变量
    }
    a ++ ;i ++ ;
    printf("i = %d,a = %d\n",i,a);   //输出i和a的值,i是主函数的局部变量
}
```

运行结果是：

```
i=2,a=1
i=1,a=2
```

从结果可以看出，a和i是主函数内的局部变量，在整个主函数内有效；而在主函数内的复合语句里又定义了同名的局部变量i，复合语句内的局部变量i屏蔽了主函数的同名局部变量i，离开复合语句后，则只有主函数内的i是可以访问的。

二、全局变量

一个源文件中可以包含一个函数或者是多个函数，在函数内定义的变量是局部变量，而

在函数外定义的变量称为外部变量（也称全局变量），全局变量可以在文件的其他函数中使用，它的作用域从定义位置开始到文件结束。

例如：

```
void f1()
{
    int y,z;            //定义函数 f1 内的局部变量
    …
}
int a = 1,b = 2;        //定义全局变量 a 和 b，作用域从此开始到文件结束
void main()             //主函数
{
    int c1,c2;          //定义主函数内的局部变量
    …                   //a,b 可以在函数中访问
}
char m,n;               //全局变量 m 和 n，作用域从此开始到文件结束
void f2()
{
    int i,j;            //定义函数 f2 内的局部变量
    …                   //a,b,m,n 可以在函数中访问
}
```

全局变量的几点说明：

（1）在函数内定义的变量是局部变量，在函数外定义的变量是全局变量。

（2）在一个函数内既可以使用本函数的局部变量，也可以使用有效的全局变量。

（3）全局变量的设置增加了函数间数据联系的渠道。

（4）在同一个源文件中，在局部变量的作用域中，可以出现局部变量和全局变量同名的情况，这时局部变量有效，全局变量被屏蔽。

（5）使用全局变量过多，会降低程序的清晰性，所以，在不必要的情况下不使用全局变量。

【例 2】全局变量用法。

```
#include <stdio.h>
int a = 90; //全局变量
int f()
{
    a ++;
    return a;
}
void main()
{
    printf("%d\n",f());
    a = a + 19;
    printf("%d\n",a);
}
```

运行结果是：

```
91
110
```

【例5】全局变量和局部变量同名。

```c
#include<stdio.h>
int a=90,b=78;
int max()
{
    int a=5,c=8;  //与全局变量同名,本函数内局部变量有效
    return a>c? a:c;
}
void main()
{
    printf("%d\n",max());
    a++,b--;  //全局变量访问
    printf("a=%d,b=%d\n",a,b);
}
```

运行结果是：

```
8
a=91,b=77
```

常见编译错误与改正方法

本任务程序设计中经常出现的错误以及解决方案如下：

1. 函数定义时，函数首部加了分号";"

程序举例：

```c
#include<stdio.h>
int max();
{
    int a,b;
    scanf("%d%d",&a,&b);
    return a>b? a:b;
}
void main()
{
    printf("%d\n",max());
}
```

错误显示：

```
error C2447: missing function header (old-style formal list?)
```

解决方法：将函数首部"int max();"改为"int max()"。

2. 被调函数定义放在主调函数之后

程序举例：

```
#include <stdio.h>
void main( )
{
    printf("%d\n",max( ));
}
int max( )
{
    int a,b;
    scanf("%d%d",&a,&b);
    return a>b?a:b;
}
```

错误显示：

```
error C2065: 'max' : undeclared identifier
error C2373: 'max' : redefinition; different type modifiers
```

解决方法：可以采用以下两种方法进行：
（1）将函数 max 定义放在主函数之前。
（2）在主函数调用 max 函数之前的任何一个位置加上函数声明"int max( );"。

3. 函数调用时未加"( )"

程序举例：

```
#include <stdio.h>
int max( )
{
    int a,b;
    scanf("%d%d",&a,&b);
    return a>b? a:b;
}
void main( )
{
    int c;
    c = max;
    printf("c = %d\n",c);
}
```

错误显示：

```
error C2440: '=' : cannot convert from 'int (__cdecl *)(void)' to 'int'
```

解决方法：将语句"c = max;"改为"c = max( );"。

任务实现

定义欢迎页面函数、存款函数、取款函数、功能选取函数、密码校验函数，同时，在多个函数中均需要使用银行卡内的余额，为此，将卡余额定为全局变量，主函数中只实现函数调用即可，参考代码如下：

```c
#include <stdio.h>
#include <stdlib.h>    //引用头文件
void welcome();        //欢迎页面函数
int test();            //密码校验函数
void action();         //功能实现函数
int draw();            //取款函数
int save();            //存款函数
intcount =50000;   //这是银行卡内原有的余额
main()    //主函数只需要调用欢迎函数以及功能实现函数即可
{
    welcome();
    action();
}
void welcome()  //定义欢迎界面welcome,在该界面中输入密码
{
    printf(" \t\t\t\t ***************************************\n");
    printf(" \t\t\t\t* _____ *\n");
    printf(" \t\t\t\t* |                                      |*\n");
    printf(" \t\t\t\t* |                                      |*\n");
    printf(" \t\t\t\t* |         欢迎使用建设银行ATM机         |*\n");
    printf(" \t\t\t\t* |                                      |*\n");
    printf(" \t\t\t\t* |                 ^_^                  |*\n");
    printf(" \t\t\t\t* |                                      |*\n");
    printf(" \t\t\t\t* |                                      |*\n");
    printf(" \t\t\t\t* |_____|*\n");
    printf(" \t\t\t\t*                                          *\n");
    printf(" \t\t\t\t ***************************************\n\n\n");
    printf(" \t\t\t\t 请输入您的密码:");
}
int test()  //密码输入验证test,当密码输错三次时,则自动退出,函数返回输入的密码
{
    int i,key;
    for(i =1;i <=3;i++)
    {
        scanf("%d",&key);
        system("CLS");
        if(key ==123456)
            break;
        else if(i ==3)
        {
            printf(" \t\t\t\t 密码错误三次,退出系统。\n");
            break;
        }
        else
            printf(" \t\t\t\t 密码错误,请重新输入:");
    }
    return key;
}
void action()
```

```c
    {
        int select;
        if(test() ==123456)
            {
                for(;;)
                {
            printf(" \t\t\t\t _____  \n");
            printf(" \t\t\t\t * |                                |*\n");
            printf(" \t\t\t\t * |                                |*\n");
            printf(" \t\t\t\t * |      1 -- 取款 3 -- 查询        |*\n");
            printf(" \t\t\t\t * |      2 -- 存款 4 -- 退卡        |*\n");
            printf(" \t\t\t\t * |                                |*\n");
            printf(" \t\t\t\t * |                                |*\n");
            printf(" \t\t\t\t * |_____|*\n");
            printf(" \n\t\t\t\t");
            scanf("%d",&select);
            system("CLS");
            if(select ==1)
                count = draw();
            else if(select ==2)
                count = save();
            else if(select ==3)
                printf(" \t\t\t\t 余额:%d\n\n",count);
            else if(select ==4)
            {
                printf(" \n\n\t\t\t\t 感谢使用 \n");
                break;
            }
            else
                printf(" \t\t\t\t 错误,请重新选择。\n");
                }
                }
    }
/*取款 draw 函数,并判定是否符合取款规范,同时,可以根据用户需要选择是继续交易还是返回,并返
回余额*/
    int draw()
    {
        int out,t;
        for(;;)
        {       printf(" \t\t\t\t 请输入取款额度:");
                scanf("%d",&out);
                system("CLS");
                if(out >count)
                    printf(" \t\t\t\t 余额不足 \n\n");
                else if(out% 100! =0)
                    printf(" \t\t\t\t 请输入 100 的整数倍 \n\n");
                else
                {
            printf(" \t\t\t\t           取款成功           \n\n");
```

```c
            count -= out;
            printf("\t\t\t\t _____ \n");
            printf("\t\t\t\t* |                                |*\n");
            printf("\t\t\t\t* |                                |*\n");
            printf("\t\t\t\t* |请选择:1 -- 继续 2 -- 返回       |*\n");
            printf("\t\t\t\t* |                                |*\n");
            printf("\t\t\t\t* |                                |*\n");
            printf("\t\t\t\t* |_____|*\n");
            printf("\n\t\t\t\t");
            scanf("%d",&t);
            system("CLS");
            if(t ==1)
                continue;
            if(t ==2)
                break;
        }
    }
    return count;
}
/*存款 save 函数,并判定是否符合存款规范,同时可以根据用户需要选择是继续交易还是返回,并返回余额*/
int save()
{
    int j,in;
    for(;;)
    {
        printf("\t\t\t\t 请输入存款额度:");
        scanf("%d",&in);
        system("CLS");
        if(in% 100! =0)
        {
            printf("\t\t\t\t 请输入 100 的整数倍 \n\n");
            continue;
        }
        else
        {
            printf("\t\t\t\t            存款成功            \n\n");
            count += in;
            printf("\t\t\t\t _____ \n");
            printf("\t\t\t\t* |                                |*\n");
            printf("\t\t\t\t* |                                |*\n");
            printf("\t\t\t\t* |请选择:1 -- 继续 2 -- 返回       |*\n");
            printf("\t\t\t\t* |                                |*\n");
            printf("\t\t\t\t* |                                |*\n");
            printf("\t\t\t\t* |_____|*\n");
            printf("\n\t\t\t\t");
            scanf("%d",&j);
            system("CLS");
            if(j ==1)
```

```
            continue;
        else if(j ==2)
            break;
        }
    }
    return count;
}
```

任务评价

通过本任务的学习,检查自己是否掌握了以下技能,在表格中给出个人评价。

评价标准	个人评价
能够在 Visual C++ 6.0 软件中新建 C++ Source File	
在主函数中编写代码,定义 ATM 自助存取款机欢迎页面函数 welcome、密码校验函数 test、功能选取函数 action、存款函数 save、取款函数 draw,并在主函数中调用函数	
能够理解全局变量的作用,并能够将卡余额变量定义为全局变量	
编写欢迎页面函数 welcome,使用 printf 函数编写代码打印欢迎页面	
编写密码校验函数 test,完成密码校验功能,并且使用循环语句实现当用户输入错误密码超过三次时,系统自动退出,函数返回输入的密码	
编写功能选取函数 action,使用多分支选择结构实现选择功能,用户输入相应的数字则进入对应的功能界面,并执行取款、存款、查询余额或退款的功能	
编写取款函数 draw,判断是否符合取款规范,并且根据用户选择是执行继续交易还是返回,并返回卡余额	
编写存款函数 save,判断是否符合存款规则,并且根据用户选择是执行继续交易还是返回,并返回卡余额	
编辑代码后,能够执行编译、连接、运行步骤调试程序	
注:A 完全能做到,B 基本能做到,C 部分能做到,D 基本做不到。	

项目二

学籍管理系统

项目导入

项目一 ATM 自助存取款机主要实现了单个数据的处理，项目二学籍管理系统中完成批量数据处理，在该系统中主要实现学生基本信息的输入、输出、查询、删除、修改、排序、保存至文件等功能。具体实现界面可参考图 2-1 所示。

图 2-1 学籍管理系统初始页面

知识目标

1. 掌握一维数组的定义与使用。
2. 掌握二维数组的定义与使用。
3. 掌握字符数组的定义与使用。
4. 理解结构体类型的含义，并实现结构体类型的定义与使用。
5. 掌握有参函数的定义与调用。
6. 掌握函数参数的传递原理。
7. 理解指针的访问原理。
8. 掌握指针实现数据访问的基本形式。
9. 掌握文件读写操作。

素质目标

1. 培养学生规范的编码素养。
2. 培养学生严谨、细致的工作态度。
3. 培养学生的文化自信、民族自信。
4. 培养学生向时代榜样看齐的意识。
5. 培养学生团队合作意识。
6. 培养学生分而治之的思想意识。
7. 培养学生时间意识。

能力目标

1. 能够使用构造类型定义学生数据模型。
2. 能够实现批量数据的增、删、改、查及排序等基本算法。
3. 能够调用函数实现批量数据处理。
4. 能够实现函数参数传递。
5. 能够使用指针实现数据的快速访问。
6. 能够实现字符的读与写。
7. 能够实现字符串的读与写。
8. 能够实现格式化读写。

任务 2.1　构建学生模型

任务描述

学籍管理系统中主要实现对批量学生信息的处理，而学生信息并不是单个数据，需要包括学号、姓名、年龄以及性别等，那么如何将这么多信息融入一个学生信息中呢？如何实现批量处理呢？本任务完成学生数据模型的构建。

知识储备

知识点 1　一维数组

一、数组概念

在程序设计中，把具有相同类型的若干变量按有序的形式组织起来，这些按序排列的同类数据元素的集合称为数组。在 C 语言中，数组属于构造数据类型。一个数组可以分解为多个数组元素，这些数组元素可以是基本数据类型或是构造类型。数据元素的特点如下：

（1）数组是一组具有相同类型的有序数据的集合，数据中的每一个元素都属于同一个数据类型，不同数据类型的数据不能放在同一个数组中，数组中的下标代表数据在数组中的序号。

（2）用数组名和下标来唯一确定数组中的元素。

> **启示**①
> 数组是相同类型数据的集合，正如人们常说："道不同不相为谋。"

二、一维数组的定义与引用

1. 一维数组的定义

在 C 语言中，数组同变量一样，必须先定义后使用，定义一维数组的基本形式为：

类型说明符 数组名[数组长度]；

说明：

（1）类型说明符可以是基本数据类型或构造数据类型，比如整型、字符型、浮点型。

（2）数组名是用户定义的数组标识符，其命名规则要遵循标识符的命名规则。

微课 2-1
一维数组的定义
及初始化

（3）方括号中表示数组元素的个数，编译器会根据数据类型和数组长度分配连续"数组长度×N"（N 代表该类型分配的字节数）字节。

注意：数组长度必须是常量或者是常量表达式。

例如：

```
//定义整型一维数组 a,含有 5 个元素,相当于 5 个整型变量,分配 20 个连续字节
int a[5];
float b[10];//定义浮点型一维数组 b,含有 10 个元素,分配 40 个连续字节
char ch[10];//定义字符型一维数组 ch,含有 10 个元素,分配 10 个连续字节
```

对于数组类型的说明应注意以下几点：

（1）数组的类型实际上是指数组元素的取值类型。对于同一个数组，其所有元素的数据类型都是相同的。

（2）数组名的书写规则应符合标识符的命名规则。

（3）在同一个函数中，数组名称不能与其他变量名相同。

（4）C 语言中的数组要求是定长的数组，不能在方括号中用变量来表示元素的个数，但是可以使用符号常量。

在 C 语言中，可以用一个标识符来表示一个常量，称之为符号常量。符号常量在使用之前必须先定义，其一般形式为：

---

① 物以类聚，人以群分

只有志同道合的人才会产生心灵共鸣，才会产生共同的语言，才会走得更久远，真正的朋友是一生的风景，要珍惜尊重。人敬你一尺，你还人大度谦让，人给你一暖，你还人用心珍藏。人最重要的是什么？是德！不管地位高低，不论从事什么行业，只要德行好，就可以相交；反之，敬而远之。与积极上进的人在一起，就会鞭策自己一路拼搏前行，跟在懒人背后，不思进取，还怨天、怨地、怨人不公平。与虎狼同行，你不会甘愿自己是囚鸟；与江河同行，你不会满足自己是溪流；同样，与优秀的人在一起，你也不会甘愿自己平凡。

> #define 标识符 常量

其中，#define 是一条编译预处理命令（编译预处理命令都以"#"开头），称为宏定义命令，其功能是在程序中出现该标识符地方用其后的常量值进行代换。

例如：符号常量的使用。

> #define N 5   //则在程序中出现 N 的地方就用 5 来替换
> char a[N];

注意：符号常量后面不能加"；"，否则编译系统就会认为标识符代表的就是"常量；"这个整体，那么结果将会是意想不到的值。

（5）允许在同一个类型说明中说明多个数组和多个变量。

例如：int a, b, c, s1[10], s2[20];

2. 一维数组元素的引用

数组元素是组成数组的基本单元，数组元素也是一种变量，其标识方法为数组名后跟一个下标，下标表示了该元素在数组中的顺序号。在 C 语言中，规定用方括号"[ ]"来表示数组的下标。

引用数组元素的一般形式为：

> 数组名[下标]   //注意:数组元素引用时,下标从 0 开始,到 N－1 结束,N 代表数组长度

说明：其中下标可以是整型常量、整型常量表达式或者是整型变量，只要保证下标值不越界即可。

> int a[5],t;   //数组 a 中含有 5 个元素,分别是 a[0]、a[1]、a[2]、a[3]、a[4]
> t = a[3];   //这里的 a[3]表示引用数组中下标为 3 的元素,实际上是数组的第 4 个元素
> t = a[5] +2;   //错误,数组 a 没有 a[5]这个元素

编译器在内存中给数组 a 分配一段连续的存储单元（在 Visual C ++ 中，分配 4×5 = 20 字节）用来存放数组 a 的所有元素，数组名代表数组元素的首地址，在内存中存储的方式如图 2-2 所示。

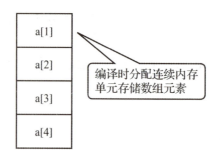

图 2-2　一维数组存储示意图

三、一维数组的初始化

1. 初始化列表

常在定义数组的同时给数组的各个元素赋值,称为数组的初始化。在 C 语言中可以用"初始化列表"法实现对数组元素的初始化。数组初始化是在编译阶段进行的,这样将减少运行时间,提高效率,具体有以下几种情况。

(1) 在定义数组的同时对全部数组元素初始化,这种情况下数组长度可以省略,基本形式是:

```
类型说明符 数组名[常量表达式]={值1,值2,…,值n};
```

或者:

```
类型说明符 数组名[]={值1,值2,…,值n};
```

其中,在"{ }"中的各个数据值即为各个元素的初值,各值之间用逗号间隔,编译器会根据初始值的个数确定数组长度。

例如:

```
int a[10]={0,1,2,3,4,5,6,7,8,9};//等价于 int a[]={0,1,2,3,4,5,6,7,8,9};
```

经过上面的定义和初始化之后,相当于 a[0]=0;a[1]=1;a[2]=2;…;a[9]=9。

(2) 只给数组中的部分元素赋初值,当"{ }"中值的个数少于元素个数时,只给前面部分元素赋值,对于后面数组元素的值,系统自动设置为 0 (整型数组)、'\0'(字符型数组)、0.0 (实型数组)。

例如:

```
char a[10]={'a','b','c','d','e'};
```

表示只给 a[0]~a[4]前 5 个元素赋值,而后 5 个元素自动赋 '\0' 值。

注意:在给部分元素赋初值时,定义数组时数组的长度不能省略。

(3) 只能给元素逐个赋值,不能给数组整体赋值。

例如:给 10 个数组元素全部赋初值 1,写为:

```
int a[10]={1,1,1,1,1,1,1,1,1,1};
```

而不能写为:

```
int a[10]=1;
```

2. 一维数组的输入/输出

变量的初始化有时会根据用户的输入来确定,数组元素也不例外。数组元素访问时,下标是按照一定规律进行设置的,为此,数组元素的输入/输出可以借助 for 循环来实现。

一维数组元素输入的通式是:

```
for(i =0;i<数组长度;i ++)
{
    scanf("输入格式字符串",&数组名[i]);
}
```

一维数组元素输出的通式是:

```
for(i =0;i<数组长度;i ++)
{
    printf("输出格式字符串",数组名[i]);
}
```

【例1】定义一个整型一维数组包含6个元素,通过键盘对数组元素进行赋值,并输出各元素的值。

```
#include <stdio.h>
void main()
{
    int a[6],i;
    printf("请输入数组元素的值:");
    for(i =0;i<6;i ++)  //数组元素下标从0开始,最大值为5
    {
        scanf("%d",&a[i]);//数组元素连续输入,数值型需要加空格、回车或tab
    }
    printf("数组元素的值分别是:");
    for(i =0;i<6;i ++)
    {
        printf("%d ",a[i]);
    }
    printf("\n");
}
```

运行结果是:

```
请输入数组元素的值: 1 2 3 4 5 6
数组元素的值分别是: 1 2 3 4 5 6
```

【例2】定义一个含有5个元素的实型数组,从键盘上进行初始化,输出各个元素的值及其平均值(所有元素保留3位小数输出)。

```
#include <stdio.h>
void main()
{
    float a[5],sum =0,ave;
    int i;
    for(i =0;i<5;i ++)
    {
        scanf("%f",&a[i]);
    }
    for(i =0;i<5;i ++)
    {
        sum += a[i];
        printf("%.3f ",a[i]);
```

```
        }
    printf("\n");
    ave = sum/5;
    printf("数组元素平均值是:% .3f\n",ave);
}
```

运行结果是：

```
7.098 6.87 4.673 2.134 5.67
7.098 6.870 4.673 2.134 5.670
数组元素平均值是:5.289
```

知识点 2　循环嵌套

一个循环体内又包含另一个完整的循环体结构，称为循环的嵌套。三种循环结构（while 循环、do while 循环和 for 循环）可以相互嵌套。for 循环体中的语句可以再是一个 for 语句，这变成了 for 循环嵌套，本知识点主要讲解该种形式的嵌套。

微课 2－2
循环结构嵌套

for 循环嵌套的基本形式是：

```
for(表达式1;表达式2;表达式3)  //外层循环
{
        for(表达式1;表达式2;表达式3)  //内层循环
            {循环体}
}
```

循环嵌套执行过程：首先计算外层循环的表达式 1，依据表达式 1 判断外层循环表达式 2 是否成立，如果成立，则执行外层循环的循环体，再计算内层循环的表达式 1，依据该值判断内层循环表达式 2 是否成立，如果成立，则执行循环体，然后计算内层表达式 3 的值，直到表达式 2 为假，则结束内层循环，则计算外层表达式 3 的值，依据该值判断外层表达式 2 是否成立，直到其不成立，则循环结束。

【例 1】打印 10 行星号，每行 10 个星号。

```
#include <stdio.h>
void main()
{
    int i,j;                    //循环体变量的定义
    for(i =1;i <=10;i ++)       //外层循环,控制行数
    {
        for(j =1;j <=10;j ++)   //内层循环,控制打印星号个数
        {
            printf("*");        //打印"*"号
        }
        printf("\n");           //每打印完一行换行
    }
}
```

运行结果是：

该程序可以改写成一层 for 循环：

```
for(j=1;j<=10;j++)
    printf("**********\n");
```

如若每行打印的星号很多，用双层 for 循环会更加简洁。

知识点 3　二维数组

一、二维数组的定义与引用

1. 二维数组的定义

在数据处理过程中，有时只有一维数组是不够用的，比如：现有两个班级，一班有 20 人，二班有 30 人，要想访问这 50 人，需要确定以下两个条件：第一是几班的？第二是该班的第多少号？为此，C 语言中产生了二维数组，其元素要指定两个下标才能唯一确定，如二班第 5 人。二维数组常称为矩阵，在 C 语言中通常把二维数组写成行与列的排列形式。

微课 2–3
二维数组的定义及初始化

二维数组定义的一般形式是：

```
类型说明符 数组名[行长度][列长度];
```

注意：行长度和列长度必须是整型常量或者是整型常量表达式。

例如：char a[3][4]; 定义了一个 3 行 4 列的二维数组，数组名为 a，该数组共有 3×4 共计 12 个元素。

注意：在定义二维数组时，不能写成"int a[3,4];"。

启示[①]

著名的杨辉三角借助于二维数组可以很容易实现。

[①] 中国文化博大精深，无须崇洋媚外
杨辉三角是二项式系数在三角形中的一种几何排列，在中国南宋数学家杨辉1261年所著的《详解九章算法》一书中出现。而欧洲的帕斯卡（1623—1662）是在1654年发现这一规律的，所以这个又叫作帕斯卡三角形，帕斯卡的发现比杨辉要晚393年。正如二十大报告中所说，"推进文化自信自强，铸就社会主义文化新辉煌"，中国文化博大精深，坚持文化自信、道路自信，增强实现中华民族伟大复兴的精神力量。

2. 二维数组的引用

二维数组的元素也称为双下标变量，其表示的形式为：

```
数组名[行下标][列下标]
```

注意：二维数组引用时，行、列下标均从 0 开始。

下标可以是整型常量、整型表达式、整型变量。行下标的取值范围为 0 ~ (行下标 - 1)，列下标取值范围为 0 ~ (列下标 - 1)。

例如：二维数组 “int a[3][4];” 中共有 12 个元素，依次是：

a[0][0],a[0][1],a[0][2],a[0][3]

a[1][0],a[1][1],a[1][2],a[1][3]

a[2][0],a[2][1],a[2][2],a[2][3]

硬件存储器是连续编址的，也就是说，存储器单元是按一维线性排列的。在一维存储器中存放二维数组有两种方式：一种是按行排列，即存放完一行之后顺次放入第二行；另一种是按列排列，即放完一列之后再顺次放入第二列。在 C 语言中，二维数组是按行排列的，上述二维数组 a[3][4]的存储方式如图 2 - 3 所示。

a[0][0]
a[0][1]
a[0][2]
a[0][3]
a[1][0]
a[1][1]
a[1][2]
a[1][3]
a[2][0]
a[2][1]
a[2][2]
a[2][3]

图 2 - 3　二维数组存储示意图

二、二维数组的初始化

1. 初始化列表

二维数组初始化也可以在类型说明时给各下标变量赋以初值，用“初始化列表”对其进行赋值，可按行分段赋值，也可按行连续赋值。具体分为以下几种情况：

(1) 分行赋值：分行给二维数组初始化，系统会根据大括号的个数确定行数，因此，这种情况下行长度可以省略，基本形式是：

```
类型说明符 数组名[行长度][列长度] = {{值},{值},…,{值}};
```

或者：

类型说明符 数组名[][列长度]={{值},{值},…,{值}};

例如：

```
int a[3][3]={{80,75,92},{61,65},{59}};//3 行
char b[2][4]={{'a','b','c','d'},{'1','2'}};//2 行
```

这种赋值方法比较直观，把第 1 个大括号内的数据赋给第 1 行的元素，把第 2 个大括号内的数据赋给第 2 行的元素……即按行赋值，若大括号内数值个数不足，则取默认值。上例中 a[1][2]、a[2][1]、a[2][2]的值就是 0、b[1][2]，b[1][3]的值是"\0"。

（2）整体赋值：可以将数据写在一个大括号内，按数组元素在内存中的排列顺序对各元素赋初值。

例如：

```
char a[3][3]={'a','b','c','d','e','f','g','h','i'};
```

如对全部元素赋初值，系统会根据元素的总个数和列长度算出第一维的长度，则第一维的长度可以不给出。上例中可以改写成以下语句：

```
char a[][3]={'a','b','c','d','e','f','g','h','i'};
```

数组中共有 9 个元素，每行 3 个元素，显然行数应该是 3。

例如：int a[2][3]={1,2};这种形式第一维长度不能省略。

（3）数组是一种构造类型的数据。二维数组可以看作是由一维数组的嵌套而构成的。设一维数组的每个元素又是一个数组，就组成了二维数组。当然，前提是各元素类型必须相同。根据这样的分析，一个二维数组也可以分解为多个一维数组，C 语言允许这种分解。

例如二维数组 a[3][4]，可分解为三个一维数组，其数组名分别为：

```
a[0]
a[1]
a[2]
```

对这三个一维数组不需要另作说明即可使用。这三个一维数组都有 4 个元素，例如：一维数组 a[0]的元素为 a[0][0]、a[0][1]、a[0][2]、a[0][3]。

必须强调的是，a[0]、a[1]、a[2]不能当作下标变量使用，它们是数组名，不是一个单纯的下标变量。

2. 二维数组的输入/输出

变量的初始化有时会根据用户的输入来确定，数组元素也不例外。二维数组元素访问时，行、列下标是按照一定规律进行的，为此，二维数组元素的输入/输出可以借助 for 循环嵌套来实现，其中行下标属于外层循环，列下标属于内层循环。

二维数组元素输入的通式是:

```
for(i=0;i<行长度;i++)
{
    for(j=0;j<列长度;j++)
        scanf("输入格式字符串",&数组名[i][j]);
}
```

二维数组元素输出的通式是:

```
for(i=0;i<行长度;i++)
{
    for(j=0;j<列长度;j++)
        printf("输出格式字符串",数组名[i][j]);
}
```

【例1】给一个3行4列的整型二维数组初始化,并分行输出结果。

```
#include<stdio.h>
void main()
{
    int a[3][4],i,j;          //定义行i、列变量j
    printf("请输入二维数组的值:");
    for(i=0;i<3;i++)          //2行,行下标从0开始
    {
      for(j=0;j<4;j++)        //3列,列下标从0开始
        {scanf("%d",&a[i][j]);}
    }
    printf("二维数组元素的值是:\n");
    for(i=0;i<3;i++)
    {
      for(j=0;j<4;j++)
        {printf("%2d ",a[i][j]);}
      printf("\n");//每打印一行后换行
    }
}
```

运行结果是:

```
请输入二维数组的值: 1 2 3 4 5 6 7 8 9 10 11 12
二维数组元素的值是:
 1  2  3  4
 5  6  7  8
 9 10 11 12
```

【例2】求一个整型二维数组a[3][4]各元素的和。

```
#include<stdio.h>
void main()
{
    int a[3][4],i,j,sum=0;              //定义行i、列变量j
    printf("请输入二维数组的值:");
```

```
for(i=0;i<3;i++)        //2 行,行下标从 0 开始
{
    for(j=0;j<4;j++)    //3 列,列下标从 0 开始
      {scanf("%d",&a[i][j]);}
}
for(i=0;i<3;i++)
{
 for(j=0;j<4;j++)
   {sum+=a[i][j];}
}
printf("二维数组的和是:%d\n",sum);
}
```

运行结果是:

```
请输入二维数组的值: 1 2 3 4 5 6 7 8 9 10 11 12
二维数组的和是:78
```

知识点 4　字符串

一、字符串的存储

1. 字符串与字符数组

用来存放字符的数组称为字符数组,字符数组实际上是一系列字符的集合,也就是字符串。在 C 语言中,没有 string 类型,没有专门的字符串变量,通常用字符数组来存放字符串。字符串总是以"\0"作为结尾,所以"\0"也被称为字符串结束标志,或者字符串结束符。该字符既不能显示,也没有控制功能,输出该字符不会有任何效果,它在 C 语言中唯一的作用就是作为字符串结束标志,由""包围的字符串会自动在末尾添加"\0"。例如:"I am happy"从表面看起来只包含了 10 个字符,其实在其末尾处有一个隐式的"\0"。图 2-4 表示了字符串在内存中的存储形式。

微课 2-4
字符数组与字符串

| l | | a | m | | h | a | p | p | y | \0 |

图 2-4　字符串存储形式

C 语言规定,可以将字符串直接赋给字符数组。

(1) 一维数组字符串赋值:char a[] = "I am happy";/*[]内省略的数字是 11,而不是 10 */

等价于:char a[] = {'I',' ','a','m',' ','h','a','p','p','y','\0'};/*[]内省略的数字是 11 */

(2) 二维数组字符串赋值:char c[2][10] = {"China","Japan"};

等价于:char c[2][10] = {{'C','h','i','n','a','\0'},{'J','a','p','a','n','\0'}};

2. 使用 scanf、printf 实现字符串输入/输出

使用"%s"格式符可以实现输入/输出一个字符串,为此,一维字符数组就可以不使用循环直接实现输入/输出,二维数组使用一层循环实现输入/输出。

一维字符数组"%s"输入通式是:

```
scanf("%s",一维字符数组名);
```

一维字符数组"%s"输出通式是:

```
printf("%s",一维字符数组名);
```

二维字符数组"%s"输入通式是:

```
for(i=0;i<行长度;i++)
    scanf("%s",二维字符数组名[i]); //"二维字符数组名[i]"是一维数组
```

二维字符数组"%s"输出通式是:

```
for(i=0;i<行长度;i++)
    printf("%s",二维字符数组名[i]); //"二维字符数组名[i]"是一维数组
```

注意:

(1)用"%s"格式符输入或输出一维字符数组时,scanf 函数或 printf 函数中的输入或输出项均是字符数组名,而不是数组元素。

(2)用"%s"格式符输入或输出二维字符数组时,scanf 函数或 printf 函数中的输入或输出项均是二维数组中的一维数组名,而不是二维数组名。

(3)用"%s"格式符输入字符串时,字符数组的长度至少要大于字符串中可见字符个数+1。

(4)如果一个字符数组中包含一个以上"\0",则遇第一个"\0"时输出就结束。

(5)利用一个 scanf 函数输入多个字符串。

【例1】使用 printf 函数和 scanf 函数,输入/输出 How are you。

```
#include<stdio.h>
void main()
{
    char str1[5],str2[5],str3[5];
    scanf("%s%s%s",str1,str2,str3);
    printf("%s %s %s\n",str1,str2,str3);
}
```

运行结果是:

```
How are you
How are you
```

注意:如果利用一个 scanf 函数输入多个字符串,则在输入时以空格分隔。输入数据:How are you,系统会将"How"赋给第 1 个字符数组,"are"赋给第 2 个字符数组,"you"

赋给第 3 个字符数组，未被赋值的元素的值自动置 "\0"，数组各元素的值如图 2-5 所示。

H	o	w	\0	\0
a	r	e	\0	\0
y	o	u	?	\0

图 2-5　数组元素值

若将上述程序中的三个字符数组改为一个字符数组，并输入 "How are you"，结果会如何呢？代码如下：

```c
#include<stdio.h>
void main()
{
    char str[13];
    scanf("%s",str);
    printf("%s\n",str);
}
```

运行结果是：

```
How are you
How
```

由于系统把空格字符作为输入的字符串之间的分隔符，因此，只将空格前的字符 "How" 送到 str 中，把 "How" 作为一个字符串处理，故在其后加 "\0"。因此，输出结果为 How。

3. 使用 gets、puts 实现字符串输入/输出

1）字符串输入函数——gets 函数

基本格式：gets（字符数组名）；

功能：从标准输入设备（键盘）上输入一个字符串，并且得到一个函数值，该函数值是字符数组的首地址。

2）字符串输出函数——puts 函数

基本格式：puts（字符数组名）；

功能：把字符数组中的字符串（以 "\0" 结束的字符序列）输出到终端（显示器）并换行。

【例 2】利用 gets 和 puts 输入/输出 "How are you"。

```c
#include<stdio.h>
main()
{
    char st[15];
    printf("请输入字符串:\n");
    gets(st);
    puts(st);
}
```

运行结果是：

```
How are you
How are you
```

可以看到，当输入的字符串中含有空格时，输出仍为全部字符串。说明 gets 函数并不以空格作为字符串输入结束的标志，而是以回车作为输入结束，这是与使用 scanf 函数 "%s" 输入字符串不同的。

二、字符串处理函数

在 C 函数库中提供了一些专门用来处理字符串的函数，形式简单，使用方便。下面介绍几种常见的字符串处理函数，使用字符串处理函数时，要把字符串处理文件包含在本文件中，文件开始部分加上 "#include <string.h>"。

微课 2 – 5
字符串处理函数

1. 字符串连接函数 strcat

基本格式：

strcat(字符数组名1,字符数组名2)

或者：

strcat(字符数组名1,字符串)

功能：把两个字符数组中的字符串连接起来，把字符数组2的字符串连接到字符数组1字符串的后面，并删去字符串1后的字符串结束标志 "\0"，本函数返回值是字符数组1的首地址。

【例3】字符串连接函数使用。

```c
#include<stdio.h>
#include<string.h>
void main()
{
    char str1[30]={"How "};
    char str2[10]={"are you"};
    printf("%s\n",strcat(str1,str2));
}
```

运行结果是：

```
How are you
```

注意：

（1）字符数组1应定义足够的长度，否则不能全部装入被连接的字符串。

（2）连接前两个字符串都有 "\0"，连接时，将字符串1后面的 "\0" 取消，只在新字符串最后保留 "\0"。

2. 字符串拷贝函数 strcpy

格式：strcpy（字符数组名1，字符数组名2）

功能：把字符数组 2 中的字符串拷贝到字符数组 1 中。字符串结束标志"\0"也一同拷贝。字符数组 2 也可以是一个字符串常量，这时相当于把一个字符串赋予一个字符数组。

【例4】字符串拷贝函数使用。

```
#include<stdio.h>
#include<string.h>
void main()
{
    char st1[15],st2[] = "C Language";
    strcpy(st1,st2);
    puts(st1);
    printf("\n");
}
```

运行结果是：

```
C Language
```

注意：

（1）本函数要求字符数组 1 应有足够的长度，否则，不能全部装入所拷贝的字符串。

（2）不能用赋值运算符将一个字符串常量或字符数组直接赋给一个字符数组，数组名是数组的首地址，在程序运行期间，其值是常量。

```
char str1[20],str2[20];
str1 = "China";//不合法,企图用赋值语句将一个字符串常量直接赋给一个字符数组
str1 = str2;//不合法,企图用赋值语句将一个字符数组直接赋给另一个字符数组
```

只能用 strcpy 函数将一个字符串复制到另一个字符数组中。

3. 字符串比较函数 strcmp

基本格式：strcmp（字符数组名 1，字符数组名 2）

或者：strcmp（字符串 1，字符串 2）

功能：按照 ASCII 码顺序比较两个数组中的字符串，并由函数返回值返回比较结果。

   字符串 1 = 字符串 2，返回值 = 0

   字符串 1 > 字符串 2，返回值 = 1

   字符串 1 < 字符串 2，返回值 = -1

本函数也可用于比较两个字符串常量，或比较字符数组和字符串常量。

说明：

（1）字符串比较的规则是：将两个字符串自左向右逐个比较（按照 ASCII 值大小比较），直到出现不同的字符或者是遇"\0"为止。

（2）如全部字符相同，则认为两个字符串相等。

（3）若出现不相同的字符，则以第 1 对不相同的字符比较的结果为准。例如："computer" > "compare"第一个不同的是 u 和 a。

【例5】 字符串比较函数的使用。

```c
#include<stdio.h>
#include<string.h>
void main()
{
    int k;
    char st1[15],st2[]="C Language";
    printf("请输入一个字符串:\n");
    gets(st1);
    k=strcmp(st1,st2);
    if(k==0) printf("st1 = st2 \n");
    if(k>0) printf("st1 > st2 \n");
    if(k<0) printf("st1 < st2 \n");
}
```

运行结果是：

```
请输入一个字符串:China
st1>st2
```

4. 字符串长度函数 strlen

基本格式：strlen（字符数组名或者字符串）

功能：测字符串的实际长度（不含字符串结束标志"\0"），并作为函数返回值。

【例6】 计算字符串长度函数的使用。

```c
#include<stdio.h>
#include<string.h>
void main()
{
    int k;
    char st[]="C language";
    k=strlen(st);
    printf("字符串长度为:%d\n",k);
}
```

运行结果是：

```
字符串长度为：10
```

知识点5　结构体

C语言提供了一些由系统已定义好的数据类型，例如整型、字符型和实型，用户可以根据程序设计要求定义相应类型的变量，解决一般的问题，但是在很多实际问题中，要处理的数据往往比较复杂一些。例如，在学生登记表中，每个学生包含姓名、学号、年龄、性别、成绩、班级等基本信息，而姓名为字符型，学号可为整型或字符型，年龄应为整型，性别为字符型，成绩可为整型或实型，班级为字符型，这些数据显然不能用一个数组来存放。因为数组中各元素的类型和长度都必须一致，以便于编译系统处理。

为了解决这个问题，在 C 语言中允许用户根据自己的需要建立数据类型，我们称之为"构造类型"，结构体就是一种常见的构造类型。

一、结构体变量

1. 结构体的定义

定义一个结构体的一般形式为：

```
struct 结构名
{  类型说明符 成员名1;
    类型说明符 成员名2;          成员列表
    …
    …
    类型说明符 成员名n;
};
例如:
struct stu{
        int num;
        char name[20];
        char sex;
        float score;
};
```

上述代码定义了一个名为 stu 的结构体类型，该类型属于用户自定义类型。

注意：

（1）结构体类型的名字是由一个关键字 struct 和结构体名组合而成的，结构体名的命名要符合标识符的命名规则。

微课 2-6
结构体变量与使用

（2）大括号内是该结构体所包括的子项，称为结构体成员，对各个成员都应该进行类型声明，基本形式是：

```
类型名   成员名;
```

（3）右大括号"}"后的"；"不能省略。

2. 结构体变量的定义

前面只是构造了一个数据类型，并没有定义变量，系统也不会为其分配任何存储单元，为此，各个成员也没有具体的值，应当定义结构体变量才有存储单元和初始值，定义结构变量有以下三种方法。

（1）先定义结构体类型，再定义该结构体的变量。

基本形式是：

```
struct 结构体名
{
成员列表;
};
struct 结构体名 变量名列表;
```

例如:

```
struct stu
{
  int num;
  char name[20];
  char sex;
  float score;
};
struct stu boy1,boy2;
```

定义了 struct stu 结构类型的两个变量 boy1 和 boy2。

(2) 在定义结构体类型的同时定义结构体变量。

基本形式是:

```
struct 结构体名
{
成员列表;
}变量名列表;
```

例如:

```
struct stu
{
  int num;
  char name[20];
  char sex;
  float score;
}boy1,boy2;
```

(3) 不指定结构体类型名而直接定义结构体变量。

基本形式是:

```
struct
{
成员列表;
}变量名列表;
```

例如:

```
struct
```

```
{
    int num;
    char name[20];
    char sex;
    float score;
}boy1,boy2;
```

在定义了结构体变量后，系统会为其分配存储单元。结构体变量占用的存储单元是结构体中各个成员占用的存储单元之和。三种方法中说明的 boy1、boy2 变量都具有图 2-6 所示的结构。

图 2-6　结构体成员的内存结构示意图

3. 结构体成员的引用

在程序中使用结构体变量时，往往不把它作为一个整体来使用。在 ANSI C 中，除了允许具有相同类型的结构体变量相互赋值以外，一般对结构体变量的使用，包括赋值、输入、输出、运算等，都是通过结构体变量的成员来实现的。引用结构体变量成员的一般形式是：

```
结构体变量名.成员名
```

"."是结构体成员运算符，它在所有的运算符中优先级最高（属于第一优先级，详见附录3）。

例如：

```
boy1.num            即 boy1 的 num 成员
boy2.sex            即 boy2 的 sex 成员
```

4. 结构体变量的初始化

定义了结构体变量后，需要对它进行初始化，然后才能使用变量进行其他操作。结构体变量的初始化方法有以下几种：

（1）在定义结构体变量时，可以对它的成员直接进行初始化，初始化列表是用"{}"括起来的常量，将这些常量的值依次赋给结构体变量的各个成员。例如：

```
struct stu
{
    int num;
    char name[20];
    char sex;
    float score;
}boy1={201401,"li lin",'f',98.5},boy2={201403,"wang hong",'m',96};
```

(2) 直接对结构体变量的成员进行赋值。例如:

boy1.num = 20114; boy2.name = "Guo jing";

(3) 对结构体变量的成员可以像普通变量一样进行各种运算。例如:

boy1.name = boy2.name;(赋值运算符)
sum = boy1.score + boy2.score;(加法运算)
boy1.score ++ ;(自加运算)

(4) 相同类型的结构体,变量之间可以直接整体赋值。例如:

struct stu boy1,boy2 = {102,"Zhang ping",'M',78.5};
boy1 = boy2;

把 boy2 的所有成员的值整体赋予 boy1。

(5) 可用输入语句来完成赋值。例如:

scanf("%c",&boy1.sex);
scanf("%s",boy1.name);//name 成员数组名,输入项中不需要加"&"

但是不能直接使用结构体变量整体赋值,以下语句是错误的:

scanf("%d%s%c% f",&boy1);

【例1】输入两个学生的学号、姓名和成绩,输出成绩较高的学生的学号、姓名和成绩。

```
#include <stdio.h>
struct stu        /*定义结构体*/
{
    int num;
    char name[20];
    float score;
};
void main()
{
    struct stu stu1,stu2;
    scanf("%d%s% f",&stu1.num,stu1.name,&stu1.score);
    scanf("%d%s% f",&stu2.num,stu2.name,&stu2.score);
    if(stu1.score > stu2.score)  //比较分数大小
        printf("成绩较高是:%d %s % .2f \n",stu1.num,stu1.name,stu1.score);
    else
        printf("成绩较高是:%d %s % .2f \n",stu2.num,stu2.name,stu2.score);
}
```

运行结果是:

```
1001 Zhanghua 97.6
1002 Ligui 94.87
成绩较高是: 1001 Zhanghua 97.60
```

二、结构体数组

数组的元素也可以是结构体类型,称为结构体数组。在实际应用中,经常用结构体数组来表示具有相同数据结构的一个群体。例如一个班的学生档案、一个车间职工的工资表等。结构体数组的定义、初始化方法与基本类型数组的相似,只是每个数组元素中的值含有不同成员。

微课 2-7
结构体数组与使用

1. 结构体数组的定义

定义结构体数组的基本形式主要有以下两种:

(1) 定义结构体类型的同时定义结构体数组。

```
struct 结构体名
{
成员列表
}数组名[数组长度];
```

(2) 先声明结构体类型,然后再定义结构体数组。

```
struct 结构体名
{
成员列表
};
struct 结构体名 数组名[数组长度];
```

数组元素的引用同基本类型数组一样,使用"数组名[下标]"形式,同时下标从 0 开始。

2. 结构体数组的初始化

结构体数组的初始化形式:

(1) 可以使用输入语句进行初始化,一维结构体数组需使用一层的 for 循环,形式与基本数据类型数组一样。

(2) 在定义结构体数组时直接初始化。

```
struct 结构体名 数组名[数组长度]={初值列表};
```

例如:

```
struct stu
    {
    int num;
    char name[20];
    char sex;
    float score;
    }boy[5]={
    {101,"Li ping",'M',45},
    {102,"Zhang ping",'M',62.5},
    {103,"He fang",'F',92.5},
    {104,"Cheng ling",'F',87},
    {105,"Wang ming",'M',58}};
```

定义了一个结构体数组 boy，共有 5 个元素，分别是 boy[0]、boy[1]、boy[2]、boy[3]、boy[4]。每个数组元素都具有 struct stu 的结构形式，一个元素用一个"{}"，当对全部元素作初始化赋值时，也可以不给出数组长度。

【例 2】使用输入/输出语句实现结构体数组的初始化并按行分别输出。

```
#include<stdio.h>
struct stu        /*定义结构体*/
{
int num;
char name[20];
float score;
};
void main()
{
    struct stu a[3];
    int i;
    for(i=0;i<3;i++)
    {
        scanf("%d%s%f",&a[i].num,a[i].name,&a[i].score);
    }
    for(i=0;i<3;i++)
    {
                                printf("第%d个信息:%d,%s,%.3f\n",i+1,a[i].num,a[i].name,a[i].score);
    }
}
```

运行结果是：

```
1001 Zhanghua 95.7
1002 Lihui 98.6
1003 Wangqiang 96.75
第1个信息：1001,Zhanghua,95.700
第2个信息：1002,Lihui,98.600
第3个信息：1003,Wangqiang,96.750
```

注意：字符数组元素在使用"%s"输入和输出时，输入/输出量均是字符数组名，结构体数组中也是如此。

常见编译错误与改正方法

本任务程序设计中经常出现的错误以及解决方案如下：

1. 定义数组时数组长度是变量

代码举例：

```
#include<stdio.h>
void main()
{
    int num=5,i=0;
    int a[num];
```

```
        for(i =0;i <num;i ++)
        {
            scanf("%d",&a[i]);
        }
        for(i =0;i <num;i ++)
        {
            printf("%d ",a[i]);
        }
    }
```

错误显示：

```
error C2057: expected constant expression
error C2466: cannot allocate an array of constant size 0
error C2133: 'a' : unknown size
```

解决方法：

（1）将数组定义语句"int a[num];"改为"int a[5];"。

（2）将 num 定义为符号常量，在程序开始部分添加语句"#define num 5"。

2. 数组元素在初始化时元素个数大于数组长度

代码举例：

```
#include <stdio.h>
void main()
{
    int a[5] ={1,2,3,4,5,6},i =0;
}
```

错误显示：

```
error C2078: too many initializers
```

解决方法：

（1）将数组长度定义为6。

（2）将数组元素值删除一个，使元素值保持5个。

（3）将上述语句改为"int a[ ] ={1,2,3,4,5,6}, i =0;"。

3. 数组下标越界

程序举例：

```
#include <stdio.h>
void main()
{
    int a[5] ={1,2,3,4,5},i;
    for(i =0;i <=5;i ++)
    {
        printf("%d ",a[i]);
    }
}
```

错误显示：

```
1 2 3 4 5 1703792 Press any key to continue
```

解决方法：

（1）将 for 循环中语句改为"for(i=0;i<5;i++)"。

（2）将 for 循环中语句改为"for(i=0;i<=4;i++)"。

4. 先定义数组，后进行初始化

程序举例：

```c
#include<stdio.h>
void main()
{
    int a[5],i;
    a[5]={4,5,6,7,8};
    for(i=0;i<5;i++)
    {
        printf("%d ",a[i]);
    }
}
```

错误显示：

```
error C2059: syntax error : '{'
error C2143: syntax error : missing ';' before '{'
error C2143: syntax error : missing ';' before '}'
```

解决方法：将语句改为"int a[5]={4,5,6,7,8}"。

5. 字符串长度超过字符数组长度

程序举例：

```c
#include<stdio.h>
void main()
{
    char a[5]="I Love China!";
}
```

错误显示：

```
error C2117: 'I Love China!' : array bounds overflow
```

解决方法：

（1）将语句改为 char a[ ]="I Love China!"。

（2）将语句改为 char a[14]="I Love China!";（其中数组长度最少是14）。

6. 使用字符串处理函数未加头文件

程序举例：

```c
#include<stdio.h>
```

```
void main()
{
    char a[15],b[15] = "I Love China";
    strcpy(a,b);
    puts(a);
}
```

错误显示：

`error C2065: 'strcpy' : undeclared identifier`

解决方法：加上"#include < string. h >"。

7. 字符串输入函数使用错误

程序举例：

```
#include <stdio.h>
void main()
{
    char a[15];
    a = gets();
    puts(a);
}
```

错误显示：

`error C2660: 'gets' : function does not take 0 parameters`

解决方法：将语句"a = gets( );"改为"gets(a);"。

任务实现

构建学生数据模型，每个学生基本信息包含学号、姓名、年龄以及性别，参考代码如下：

```
#include <stdio.h>
#define N 10      //预处理,N的大小可以根据需要更改
struct STU
{
    int num;//学号
    char name[20];
    int age;
    char sex;
};
void main()
{
    struct STU student[N];
}
```

任务评价

通过本任务的学习，检查自己是否掌握了以下技能，在表格中给出个人评价。

评价标准	个人评价
能够在 Visual C++ 6.0 软件中新建 C++ Source File	
能够编写代码，构建学生数据模型，每个学生基本信息包含学号、姓名、年龄以及性别	
编辑代码后，能够执行编译、连接、运行步骤调试程序	
注：A 完全能做到，B 基本能做到，C 部分能做到，D 基本做不到。	

任务2.2　实现学生信息的输入、输出、删除、修改、查询

任务描述

学生模型构建之后，用户可以依据需求的选择执行相对应的操作，具体可参考图 2-7 所示。

图 2-7　学籍管理系统初始页面

学生学籍管理系统能实现的功能包括：

（1）输入学生基本信息。

（2）查询学生信息（1.学号查询　2.姓名查询）。

（3）删除学生信息（1.学号删除　2.姓名删除）。

（4）学生信息排序（1.学号排序　2.姓名排序）。

（5）修改学生基本信息。

（6）保存学生基本信息。

（7）输出所有学生信息。

（8）退出程序。

这些功能均是独立的，在设计时，需要定义相应的函数来实现，同时，前 7 项中使用到的均是学生信息本身，各函数之间实现学生数据的传递，为此，需要使用有参函数来实现以上功能。

知识储备

知识点1 有参函数的定义与调用

函数从形式上看可分为两类：无参函数和有参函数。无参函数是指在主调函数调用被调函数时，主调函数不向被调函数传递数据。无参函数一般用来执行特定的功能，可以有返回值，也可以没有返回值，在项目一任务1.6中已经讲解。

一、有参、无返回值函数的定义

有时需要在主调函数中提供数据（变量的定义在主调函数中完成），被调函数接收主调函数中的数据并实现相应的操作，有参函数就是这种类型的函数。有参函数是指在主调函数调用被调函数时，主调函数通过参数向被调函数传递数据。有参函数也称为带参函数，在函数定义及函数说明时给出的参数，称为形式参数（简称为形参）；在函数调用时给出的参数，称为实际参数（简称为实参）。进行函数调用时，主调函数将把实参的值传送给形参，供被调函数使用。

微课2-8
有参函数的
定义与调用

定义有参、无返回值函数的一般形式为：

```
类型说明符 函数名(类型名 形参1,类型名 形参2,…)
{
    声明部分;
    语句;//执行功能
}
```

注意：

（1）形参是各种类型的变量，多个形参之间用逗号区分。

（2）每个形参必须指明数据类型，即使所有的参数都属于同一种类型，也需要在每个形参前加上类型。

（3）函数首部不能加分号";"。

（4）不返回函数值的函数，可以明确定义为"空类型"，类型说明符为"void"。一旦函数被定义为空类型，就不能在主调函数中使用被调函数的函数值了。为了使程序有良好的可读性并减少出错，凡不要求返回值的函数都定义为空类型。

二、有参、无返回值函数的调用

1. 函数的调用

有参、无返回值函数的调用基本形式是：

```
函数名(实参列表);
```

注意：

（1）实参列表中的参数可以是变量、常量或者是表达式，只要保证在调用时有确定的值即可。

（2）多个实参之间用","区分。

（3）实参的个数要和形参的个数一一对应，即个数相同，类型也要相同。

（4）实参名和形参名可以相同，但是它们分别属于不同的函数，不相互影响。

2. 函数的声明

在主调函数中调用某函数之前，应对该被调函数进行声明，这与使用变量之前要先进行变量声明是一样的。在主调函数中对被调函数进行声明的目的是使编译系统知道被调函数返回值的类型，以便在主调函数中按此种类型对返回值做相应的处理。

若主调函数在被调函数定义之前定义，即被调函数在主调函数定义之后定义，应该在主调函数中对被调函数作声明。

函数原型声明其一般形式为：

类型说明符 被调函数名(类型 形参,类型 形参,…);

注意：分号不能丢，这是一条声明语句。

【例1】定义两个数的求和函数，主函数负责参数的传递和函数的调用。

```c
#include <stdio.h>
void  sum(int a,int b);//被调函数定义在主函数后,进行函数声明
void main()
{
    int a,b;
    scanf("%d,%d",&a,&b);
    sum(a,b);
}
void  sum(int a,int b) //在主调函数之后定义函数
{
    int s;
    s = a + b;
    printf("s = %d\n", s);
}
```

运行结果是：

```
67,6570
s=6637
```

3. 实参与形参的数据传递

形参出现在函数定义中，在整个函数体内都可以使用，离开该函数则不能使用。实参出现在主调函数中，进入被调函数后，实参变量也不能使用。形参和实参的功能是做数据传送，发生函数调用时，主调函数把实参的值传送给被调函数的形参，从而实现主调函数向被调函数的数据传送。

函数的形参和实参具有以下特点：

（1）形参变量只有在被调用时才分配内存单元，在调用结束时，即刻释放所分配的内存单元。因此，形参只有在函数内部有效，函数调用结束返回主调函数后，则不能再使用该形参变量。

（2）实参可以是常量、变量、表达式、函数等，无论实参是何种类型的量，在进行函数调用时，它们都必须具有确定的值，以便把这些值传送给形参。因此，应预先用赋值、输入等方法使实参获得确定值。

（3）实参和形参在数量、类型、顺序上应严格一致，否则会发生"类型不匹配"的错误。

（4）函数调用中发生的数据传送是单向的，即只能把实参的值传送给形参，而不能把形参的值反向地传送给实参。因此，在函数调用过程中，形参的值发生改变，而实参中的值不会变化，如图2-8所示。

图2-8 实参到形参的单向传递

【例2】编写swap函数实现形参的互换，并在主函数中进行测试。

```c
#include<stdio.h>
void  swap(int a,int b)
{    int temp;
     temp=a;
     a=b;
     b=temp;
     printf("swap:a=%d,b=%d\n",a,b);
}
main()
{    int a=5,b=8; /*给两个变量赋值*/
     printf("未调用:a=%d,b=%d\n",a,b);
     swap(a,b);
     printf("调用后:a=%d,b=%d\n",a,b);
}
```

运行结果是：

```
未调用:a=5,b=8
swap:a=8,b=5
调用后:a=5,b=8
```

三、有参、有返回值函数的定义

函数的值是指函数被调用之后，执行函数体中的程序段所取得的并返回给主调函数的值，函数的返回值是通过函数中的return语句获得的。return语句的一般形式为：

return 表达式；

或者为：

return (表达式)；

该语句的功能是计算表达式的值，并返回给主调函数。在函数中允许有多个return语句，但每次调用只能有一个return语句被执行，因此只能返回一个函数值。

定义有参、有返回值函数的一般形式则为：

类型标识符 函数名(类型名 形参1,类型名 形参2,…)

```
{
    变量声明部分;
    功能语句;
    return 表达式;
}
```

说明:

(1) return 语句中的返回值类型和函数定义中的类型标识符应保持一致。如果两者不一致,则以函数定义时的类型为准,自动进行类型转换。

(2) 如函数值为整型,在函数定义时,可以省去类型说明。

四、有参、有返回值函数的调用

在程序中,是通过对函数的调用来执行函数体的,其过程与其他语言的子程序调用相似。C 语言中,函数调用的一般形式为:

函数名(实际参数表)

在 C 语言中,对有返回值函数的调用主要有以下几种方式:

(1) 函数表达式:函数调用作为表达式中的一项出现在表达式中,以函数返回值参与表达式的运算。例如:"z = max(x,y);"是一个赋值语句,把 max 的返回值赋予变量 z;或者直接将结果利用输出函数打印,如语句:"printf("%d",max(x,y));"。

(2) 函数实参:把该函数的返回值作为实参进行传送,例如:"c = max(max(x,y),z)",将 max 函数返回值作为函数实参,"printf("%d",max(x,y));"是把 max 调用的返回值作为 printf 函数的实参来使用的。

【例3】定义求两个数中的最大值函数 max,并将返回值在主函数中打印出来。

```c
#include<stdio.h>
int max(int a,int b)
{
    int m;
    if(a>b)
    {
        return a;
    }
    else
    {
        return b;
    }
}
main()
{   int a,b;
    scanf("%d,%d",&a,&b);
    printf("两个数%d,%d 的最大值是%d\n",a,b,max(a,b));
}
```

运行结果是：

```
78,6790
两个数78,6790的最大值是6790
```

五、数组名作函数参数

数组元素是变量，也可以作函数参数，当数组元素作函数实参时，只要数组类型和函数的形参变量的类型一致，那么作为下标变量的数组元素的类型也和函数形参变量的类型是一致的。因此，并不要求函数的形参也是下标变量。换句话说，对数组元素的处理是按普通变量对待的。

在C语言中，数组名是数组的首地址，数组名作函数参数时，传送的是地址，也就是说，把实参数组的首地址赋予了形参数组名。形参数组名取得该首地址之后，也就等于有了实在的数组。实际上，是形参数组和实参数组为同一数组，共同拥有一段内存空间。例如：数组a是实参数组，类型是整型。A占有以2000为首地址的一块内存区，b是形参数组名，如图2-9所示。当发生函数调用时，进行地址传送，把实参数组a的首地址传送给形参数组b，于是b也取得该地址2000。于是a、b两数组共同占有以2000为首地址的一段连续内存单元。从图2-9中还可以看出，a和b下标相同的元素实际上也占相同的两个内存单元（整型数组每个元素占4字节）。例如，a[0]和b[0]都占用2000、2001、2002以及2003四个单元，当然，a[0]等于b[0]，依此类推，则有a[i]等于b[i]。

图2-9　数组内元素地址

数组名作函数参数时，函数首部通用形式：

函数返回值类型　函数名(数据类型 数组名[],int arrLen)

说明：第一个参数是数组，这里数组的长度不需要写，但是"[ ]"不能省略，数组长度由第二个参数传递过来。

【例4】数组a中存放了一个学生5门课程的成绩，定义求其平均成绩的函数，并在主函数进行测试。

```c
#include <stdio.h>
float aver(float a[],int n)
{
    int i;
    float av,s = a[0];
    for(i =1;i <n;i ++ )
        s = s + a[i];
    av = s/n;
    return av;
```

```
}
void main()
{
    float sco[5],av;
    int i;
    printf("\ninput 5 scores:\n");
    for(i = 0;i < 5;i ++)
        scanf("%f",&sco[i]);
    av = aver(sco,5);
    printf("average score is %5.2f \n",av);
}
```

运行结果是：

```
input 5 scores:
89.5 90.5 98 84 79
average score is 88.20
```

注意：形参数组和实参数组的类型必须一致，否则将引起错误。

知识点 2　函数嵌套调用

在 C 语言中，函数的定义是独立的，一个函数不能定义在另一个函数内部，但是在调用函数时可以在一个函数中调用另一个函数，这就是函数的嵌套调用，即在被调函数中又调用其他函数。这与其他语言的子程序嵌套的情形是类似的，其关系可表示为图 2 – 10。

微课 2 – 9
函数的嵌套调用

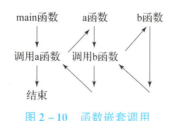

图 2 – 10　函数嵌套调用

图 2 – 10 表示了两层嵌套的情形，其执行过程是：执行 main 函数中调用 a 函数的语句时，即转去执行 a 函数，在 a 函数中调用 b 函数时，又转去执行 b 函数，b 函数执行完毕后，返回 a 函数的断点继续执行，a 函数执行完毕后，返回 main 函数的断点继续执行。

【例1】定义求阶乘以及求阶乘和函数，实现 s = 1! + 2! + … + 10!。

```
#include <stdio.h>
int fac(int p)
{
    int c = 1,i;
    for(i = 1;i <= p;i ++)
        c = c * i;
    return c;
```

```
}
int sum(int q)
{
    int i,s = 0;
    for(i =1;i <= q;i ++ )
        s = s + fac(i);
    return s;
}
void main()
{
    int i =10,s = 0;
    s = sum(i);
    printf("s = %d\n",s);
}
```

运行结果是：

```
s=4037913
Press any key to continue
```

知识点 3 变量的存储类别

一、动态存储方式与静态存储方式

项目一任务 1.6 中已经介绍了从变量的作用域角度来分，变量可以分为全局变量和局部变量。

从另一个角度，即从变量值存在的时间（即生存期）角度来分，变量可以分为静态存储方式和动态存储方式。

静态存储方式：是指在程序运行期间分配固定的存储空间的方式。

动态存储方式：是指在程序运行期间根据需要进行动态的分配存储空间的方式。

用户存储空间可以分为图 2 – 11 所示的三个部分。

全局变量全部存放在静态存储区，在程序开始执行时给全局变量分配存储区，程序执行完毕就释放。在程序执行过程中，它们占据固定的存储单元，而不是动态地进行分配和释放。

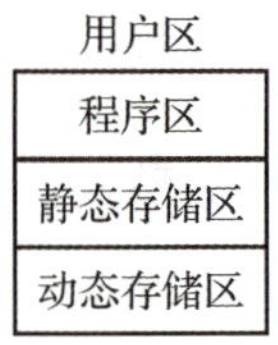

在动态存储区存放以下数据：

（1）函数的形式参数，在函数被调用时，给形参分配存储空间，当函数调用结束后，对存储空间进行释放。

用户区
程序区
静态存储区
动态存储区

图 2 – 11 用户存储空间

（2）自动变量（未加 static 声明的局部变量）。

对以上这些数据，在函数开始调用时，分配动态存储空间，函数结束时释放这些空间。在 C 语言中，每个变量和函数有两个属性：数据类型和数据的存储类别。数据类型是指整型、字符型等，存储类别是指数据在内存中的存储方式（静态存储方式或者动态存储方式）。

二、局部变量的存储类别

1. 局部自动变量（局部 auto 变量）

函数中的局部变量，若不专门声明为 static 存储类别，都是动态地分配存储空间的，数据存储在动态存储区中。函数中的形参和在函数中定义的变量（包括在复合语句中定义的变量）都属于此类，在调用该函数时，系统会给它们分配存储空间，在函数调用结束时，就自动释放这些存储空间。这类局部变量称为自动变量，自动变量用关键字 auto 作存储类别的声明。

局部自动变量声明方式：

> auto 数据类型 变量名;

关键字 auto 可以省略，auto 不写则隐含定义为"自动存储类别"，属于动态存储方式，前面用到的变量都是局部自动变量。

2. 局部静态变量（局部 static 变量）

有时函数中的局部变量的值在函数调用结束后不消失而保留原值，即占用的存储单元不随着函数的结束而释放，在下一次调用该函数时，该变量的值是上一次函数调用结束时的值，这时就应该指定该局部变量为"局部静态变量"，用关键字 static 进行声明。

局部静态变量声明方式：

> static 数据类型 变量名;

对局部静态变量的说明：

（1）局部静态变量属于静态存储类别，在静态存储区内分配存储单元，在程序整个运行期间都不释放。而自动变量（即局部动态变量）属于动态存储类别，占用动态存储空间，函数调用结束后即释放。

（2）局部静态变量在编译时赋初值，即只赋初值一次；而对自动变量赋初值是在函数调用时进行，每调用一次函数，就重新给一次初值，相当于执行一次赋值语句。

（3）如果在定义局部变量时不赋初值，则对局部静态变量来说，编译时自动赋初值 0（对数值型变量）或空字符（对字符变量）。而对自动变量来说，如果不赋初值，则它的值是一个不确定的值。

（4）局部静态变量在函数调用结束后仍然存在，但是其他函数是不能引用它的。

【例 1】局部静态变量和局部自动变量程序举例。

```
#include <stdio.h>
void f()
{
    int b=0;        //局部自动变量b:函数 f 调用结束后,空间释放
    static int c=0; //局部静态变量c:函数 f 调用结束后,空间不释放,直到程序结束
    b++;
```

```
        c ++;
        printf("b = %d,c = %d \n",b,c);
}
void main()
{
        int i;
        for(i =1;i <3;i ++)
            f();
}
```

运行结果是：

```
b=1, c=1
b=1, c=2
```

常见编译错误与改正方法

本任务程序设计中经常出现的错误以及解决方案如下：

1. 实参和形参类型不一致

代码举例：

```
#include <stdio.h>
int max(int a,int b)
{
        return a >b? a:b;
}
void main()
{
        float x,y;
        scanf("%f%f",&x,&y);
        printf("%d\n",max(x,y));
}
```

错误显示：

```
warning C4244: 'argument' : conversion from 'float' to 'int', possible loss of data
warning C4244: 'argument' : conversion from 'float' to 'int', possible loss of data
```

解决方法：

（1）将主函数中的语句 "float x,y; scanf("%f%f",&x,&y);" 改为 "int x,y; scanf("%d%d",&x,&y);"。

（2）将函数 max 首部改为 "float max(float a, float b)"。

2. 定义函数时未加形参的数据类型

代码举例：

```
#include <stdio.h>
int max(int a,b)
{
```

```
        return a>b? a:b;
}
void main()
{
    int x,y;
    scanf("%d%d",&x,&y);
    printf("%d\n",max(x,y));
}
```

错误显示：

```
error C2061: syntax error : identifier 'b'
error C2065: 'b' : undeclared identifier
error C2660: 'max' : function does not take 2 parameters
```

解决方法：将函数 max 首部改为"int max(int a,int b)"。

3. 实参和形参数量不一致

代码举例：

```
#include<stdio.h>
int max(int a,int b)
{
    return a>b? a:b;
}
void main()
{
    printf("%d\n",max(5,8,90));
}
```

错误显示：

```
error C2660: 'max' : function does not take 3 parameters
```

解决方法：

将语句"printf("%d\n",max(5,8,90));"改为"printf("%d\n",max(5,8));"。

4. 未加被调函数的声明

代码举例：

```
#include<stdio.h>
void main()
{
    printf("%d\n",max(5,8));
}
int max(int a,int b)
{
    return a>b? a:b;
}
```

127

错误显示：

```
error C2065: 'max' : undeclared identifier
error C2373: 'max' : redefinition; different type modifiers
```

解决方法：

（1）将函数 max 的定义放在主函数前面。

（2）在主函数调用 max 函数之前加上函数原型声明：int max(int a,int b)。

任务实现

通过数组名可以实现各个功能函数之间的数据传递，将项目一任务 1 中定义的所有函数均改为有参函数，参考代码如下：

```c
#include<stdio.h>
#include<string.h>  //用到了此头文件里面的strcmp函数和strcpy函数；
#include<stdlib.h>/* 用到了此头文件里面的exit(0); system("cls"); system("pause");*/
#include<windows.h>//用到了此头文件里面的Sleep(n)函数(程序会停n毫秒)
#define N 3   //预处理,为了方便测试,设置为3,下面的代码中N就是3
struct STU
{
    int num;//学号
    char name[20];
    int age;
    char sex;
};
int i;//用于下面所有for循环变量
int counter=0;//计数器(用于记录删除了几个)
void menu(struct STU student[],int m);//主菜单函数
void InputData(struct STU student[],int m);//输入学生信息函数
void InquiryData(struct STU student[],int m);//查询学生信息函数
void DeleteData(struct STU student[],int m);//删除学生信息函数
void SortData(struct STU student[],int m);//排序函数,任务2.3学习
void ChangeData(struct STU student[],int m);//修改函数
void SaveData(struct STU student[],int m);//保存函数,任务2.5学习
void OutputData(struct STU student[],int m);//输出函数
/* 因为主调函数(main())在最上面,所以要先将被调函数都声明一遍（主调函数如果写在被调函数下面，则不用在前面声明）*/
int main ()
{
    struct STU student [N];
    menu (student, N);  //调用主菜单函数
}
void menu (struct STU student [], int m)
{   int x;       //用于接收用户输入的功能选项
    system ("cls");    //清屏
    printf ("\t\t——————————————————————\n");
    printf ("\t\t|                                    |\n");
    printf ("\t\t|        欢迎使用学籍管理系统        |\n");
```

```c
        printf("\t\t|\n");
        printf("\t\t——————————————————————\n\n");
        printf("\t\t1.输入学生基本信息 \n");
        printf("\t\t2.查询学生信息(1.学号查询 2.姓名查询) \n");
        printf("\t\t3.删除学生信息(1.学号删除 2.姓名删除) \n");
        printf("\t\t4.学生信息排序(1.学号排序 2.姓名排序) \n");
        printf("\t\t5.修改学生基本信息 \n");
        printf("\t\t6.保存学生基本信息 \n");
        printf("\t\t7.输出所有学生信息 \n");
        printf("\t\t8.退出程序 \n\n");
        printf("\t\t请输入选项:");
        while(1)//选择错误可重新输入
        {
            scanf("%d",&x);  //输入选项
            switch(x)
            {
            case 1 :
                InputData(student,m);
                break;
            case 2 :
                InquiryData(student,m);
                break;
            case 3 :
                DeleteData(student,m);
                break;
            case 4 :
                SortData(student,m);
                break;
            case 5 :
                ChangeData(student,m);
                break;
            case 6 :
                SaveData(student,m);
                break;
            case 7 :
                OutputData(student,m);
                break;
            case 8 :
                exit(0);//退出函数
                break;
            default :
                printf("\t\t选项有误请重新输入:");
            }
        }
}
void InputData(struct STU student[],int m)//输入函数
{
    system("cls");
    printf("\t\t——————————————————————\n");
```

```c
        printf("\t\t|                                          |\n");
        printf("\t\t|         欢迎进入学生信息录入系统          |\n");
        printf("\t\t|                                          |\n");
        printf("\t\t————————————————————————\n\n");
        printf("\t\t 请输入学生信息:学号 名字 年龄 性别(性别:男:M,女:W) \n");
        for(i=1;i<m;i++)
        {
            printf("\t\t\t\t");

    scanf("%d%s%d %c",&student[i].num,student[i].name,&student[i].age,&student[i].sex);
        }
        printf("\t\t 录入完成返回主界面");
        Sleep(2000);//停2秒(()里的2000是两千毫秒),然后返回主界面函数
        menu(student,m);
}
    void InquiryData(struct STU student[],int m)//查询函数
    {
        int x;//用于选择查询方式
        int n=1;//用于标记是否正确选择
        int num;//学号
        char name[20];
        system("cls");
        printf("\t\t————————————————————————\n");
        printf("\t\t|                                          |\n");
        printf("\t\t|         欢迎进入学生信息查询系统          |\n");
        printf("\t\t|                                          |\n");
        printf("\t\t————————————————————————\n\n");
        printf("\t\t 请选择查询方式(1.学号查询 2.姓名查询):");
        while(n)//如果正确选择,将不会循环,因为如果选择正确,n会被赋值0
        {
            scanf("%d",&x);//输入选择的查询方式
            switch(x)
            {
            case 1 :
                printf("\t\t 你选择了学号查询 \n");
                printf("\t\t 请输入学号:");
                scanf("%d",&num);//输入学号
                for(i=1;i<m-counter;i++)//N-counter(总数-删除的人数)
                    if(num==student[i].num)
                    {
                        printf("\t\t 你要查询的学生信息为:学号:%d 姓名:%s 年龄:%d 性别:%c \n",
    student[i].num,student[i].name,student[i].age,student[i].sex);
                        break;
                    }
                if(i==m-counter)
                    printf("\t\t 查无此人!\n");
                n=0;
                break;
```

```c
        case 2:
            printf("\t\t你选择了姓名查询\n");
            printf("\t\t请输入姓名:");
            getchar();/*因为上面选完查询方式会按一下回车,getchar();就是为了接收这个
回车,如果不接收,回车直接会赋给下一行的gets(name);*/
            gets(name);//输入姓名
            for(i=1;i<m-counter;i++)
            {
                if(strcmp(name,student[i].name)==0)
                {
                    printf("\t\t你要查询的学生信息为:学号:%d 姓名:%s 年龄:%d 性别:%c\n",student[i].num,student[i].name,student[i].age,student[i].sex);
                    break;
                }
            }
            if(i==m-counter)
                printf("\t\t查无此人!\n");
            n=0;
            break;
        default:
            printf("\t\t选择错误,请重新输入你要选择的查询方式:");
        }
    }
    printf("\t\t查询完成");
    system("pause");
    menu(student,m);
}
void DeleteData(struct STU student[],int m)//删除函数
{
    int x;//用于选择删除方式
    int n=1;//用于标记是否正确选择
    int num;//学号
    int j;//for循环变量
    int yes;//用于确认是否删除
    int no;//用于确认是否继续删除其他学生
    char name[20];
    system("cls");
    printf("\t\t—————————————————————————\n");
    printf("\t\t|                              |\n");
    printf("\t\t|      欢迎进入学生信息删除系统    |\n");
    printf("\t\t|                              |\n");
    printf("\t\t—————————————————————————\n\n");
    printf("\t\t请选择删除方式(1.学号删除 2.姓名删除):");
    while(n)//如果选择正确,将不会循环,因为选择正确后,n会被赋值0
    {
        scanf("%d",&x);//输入选择的删除方式
        switch(x)
        {
        case 1:
```

```c
                n = 0;
                printf("\t\t 你选择了学号删除 \n");
                printf("\t\t 请输入你要删除的学生的学号:");
                scanf("%d",&num);
                for(i =1;i < m - counter;i ++)
                    if(num == student[i].num)
                        break;/* 如果找到学号相同的,就跳出 for 循环,这时 i 就是要删除的同学的位置*/
                if(i == m - counter)//但也有可能上面的 for 循环循环完才结束,所以要判断一下
                {
                    printf("\t\t 没有这位同学,请确认后输入 \n");
                    break;//退出 switch(x)语句
                }
                printf("\t\t 你要删除的学生为:");
                puts(student[i].name);
                for(j = i;j < m - 1 - counter;j ++)/* 上面 for 循环跳出之后,i 就是要删除的学生,所以从 i 开始将后面的信息向前移一个位置 N - 1 - counter */
                    student[j] = student[j +1];
                counter ++;//删除一个计数器,加 1 说明删除了 1 个
                break;
            case 2 :
                n = 0;
                printf("\t\t 你选择了姓名删除 \n");
                printf("\t\t 请输入你要删除的学生的名字:");
                getchar();//和查询函数中 case 2: 的第三行的 getchar();同理
                gets(name);
                for(i =1;i < m - counter;i ++)
                    if(strcmp(name,student[i].name) ==0)
                        break;
                if(i == m - counter)
                {
                    printf("\t\t 没有这位同学,请确认后输入 \n");
                    break;
                }
                for(j = i;j < m - 1 - counter;j ++)
                    student[j] = student[j +1];
                counter ++;
                break;
            default :
                printf("\t\t 选择错误,请重新输入你要选择的删除方式:");
        }
    }
    printf("\t\t 删除完成返回主界面");
    Sleep(2000);
    menu(student,m);
}
void ChangeData(struct STU student[],int m)//修改函数
{
    int num;//学号
    system("cls");
```

```c
        printf("\t\t——————————————————————\n");
        printf("\t\t|                                    |\n");
        printf("\t\t|      欢迎进入学生信息修改系统      |\n");
        printf("\t\t|                                    |\n");
        printf("\t\t——————————————————————\n\n");
        printf("\t\t请输入你要修改学生的学号:");
        scanf("%d",&num);//输入学号
        for(i =1;i <m - counter;i ++)
            if(student[i].num == num)
                break;
        if(i == m - counter)
        {
            printf("\t\t查无此人,请确认后输入 \n");
            system("pause");
            menu(student,m);
        }
        printf("\t\t你要修改的学生为:%s \n",student[i].name);
        printf("\t\t请输入修改的信息:学号 姓名 年龄 性别 \n");
        printf("\t\t\t\t");
        scanf("%d %s %d %c",&student[i].num,student[i].name,&student[i].age,&student[i].sex);
        printf("\t\t修改完成,返回主界面");
        Sleep(2000);
        menu(student,m);
    }
    void OutputData(struct STU student[],int m)//输出函数
    {
        system("cls");
        printf("\t\t——————————————————————\n");
        printf("\t\t|                                    |\n");
        printf("\t\t|      欢迎进入学生信息输出系统      |\n");
        printf("\t\t|                                    |\n");
        printf("\t\t——————————————————————\n\n");
        for(i =1;i <m - counter;i ++)
        printf("\t\t%d %s %d %c \n",student[i].num,student[i].name,student[i].age,student[i].sex);
        printf("\t\t");
        system("pause");
        menu(student,m);
    }
```

任务评价

通过本任务的学习,检查自己是否掌握了以下技能,在表格中给出个人评价。

评价标准	个人评价
能够在 Visual C ++ 6.0 软件中新建 C ++ Source File	
能够编写代码，构建学生数据模型，实现学生信息的输入、输出、删除、修改、查询，编写自定义函数实现以上功能，并在主函数中调用以上函数	
编写主菜单函数 menu，打印学籍管理系统的欢迎界面，使用多分支选择结构实现选择功能	
编写输入学生信息函数 InputData，录入学生信息，录入完成后，返回主界面	
编写查询学生信息函数 InquiryData，按学号或姓名查询，查询完成后，返回主界面	
编写删除学生信息函数 DeleteData，按学号或姓名查询出要删除的学生，删除完成后，返回主界面	
编写修改函数 ChangeData，修改学生的信息，完成后返回主界面	
编写输出函数 OutputData，输出学生的信息，并返回主界面	
编辑代码后，能够执行编译、连接、运行步骤调试程序	
注：A 完全能做到，B 基本能做到，C 部分能做到，D 基本做不到。	

任务 2.3 实现学生信息的排序

任务描述

学籍管理系统中可以根据用户需要选择按姓名或者按学号对学生信息进行升序或降序排列，如图 2 – 12 所示。

图 2 – 12　学籍管理系统排序

知识储备

知识点 1　冒泡排序算法

一、基本原理

交换排序的基本思想是通过比较两个数的大小，当满足某些条件时，对它进行交换，从而达到排序的目的。冒泡排序是典型的交换排序算法。冒泡排序基本原理（升序）：比较相邻的两个数，如果前者比后者大，则进行交换。每一轮排序结束，选出一个未排序中最大的数放到数组后面。

微课2-10
冒泡排序

算法描述：

(1) 比较相邻的元素，如果第一个比第二个大，就交换它们两个。

(2) 对每一对相邻元素做同样的工作，从开始第一对到结尾的最后一对，这样，在最后的元素将会是最大的数。

(3) 对所有的元素重复以上的步骤，除了最后一个。

(4) 重复步骤(1)~(3)，直到排序完成。

这个算法的名字的由来是，越小的元素，经过交换，会慢慢"浮"到数的顶端。

二、排序思路

举例：8个数字排序过程[11,33,19,87,34,65,8,30]。

第1次，先将最前面的两个数11和33进行比较，满足由小到大，不需要对调。

第2次，33和19进行比较，关系不满足，则两者对调……如此共进行7次，得到11-19-33-34-65-8-30-87的顺序，可以看到：最大的数87已经"沉底"，成为最下面的数，而小数则"上升"。经过1趟比较（共7次相邻两个数比较）后，已得到最大值87。

进行第2趟，对余下的7个数进行新一轮的比较，使次最大数"沉底"。按照以上的方法需要进行6次相邻两个数比较，得到次最大数65。

进行第3趟比较（共5次相邻两个数比较）、第4趟比较（共4次相邻两个数比较），直到第7趟比较（共1次相邻两个数比较）完成后，所有的数据已经排序完毕，如图2-13所示。

初始关键字	第1趟排序后	第2趟排序后	第3趟排序后	第4趟排序后	第5趟排序后	第6趟排序后	第7趟排序后
11	11	11	11	11	11	8	8
33	19	19	19	19	8	11	11
19	33	33	33	8	19	19	19
87	34	34	8	30	30	30	30
34	65	8	30	33			
65	8	30	34				
8	30	65					
30	87						

图2-13 每一趟排序结果

由此可得到结论：如果有n个数，则需要进行n-1趟比较，在第1趟比较中要进行n-1次两两比较，在第j趟比较中需要进行n-j次两两比较。

三、排序实现

【例1】实现8个数的升序排列。

变量的定义：根据题目要求，需要定义整型数组a[9]，用来存储待排序的8个整型数据（为了方便，此题目中用a[1]~a[8]来存储第1~8个整数）。还需定义三个整型变量i、j、t。其中，j用来表示比较的趟数，i用来表示每趟两两比较的次数，t用于存放两数交换时的暂存数据。

具体实现：如果有n个数，则要进行n-1趟比较。在第1趟比较中要进行n-1次两两比较，在第j趟比较中要进行n-j次两两比较。对于8个整数的序列来说，一共要进行7趟比较，在第j趟比较中要进行8-j次两两比较。此题要用到循环嵌套，外层循环为比较的趟数j，内层循环为每趟两两比较的次数（注意i与j的大小关系）。数组元素两两比较时，如果a[i]>a[i+1]，则需要交换，否则不交换。7趟比较完后，数组元素已按从小到大排好顺序，最后，利用for循环将排好序的数组元素输出即可。具体实现流程图如图2-14所示。

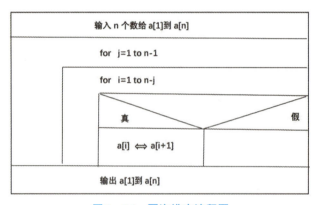

图2-14 冒泡排序流程图

```
#include<stdio.h>
void main()
{
    int a[9],i,j;
    int t=0;
    printf("请输入8个整数:");
    for(i=1;i<=8;i++)
        scanf("%d",&a[i]);        /*输入待排序值*/
    for(j=1;j<=7;j++)             /*排序的总趟数*/
    {
        for(i=1;i<=8-j;i++)       /*每趟要排序的次数*/
        {
            if(a[i]>a[i+1])       /*如果前一个数大于后一个数,则进行交换*/
            {
                t=a[i];
```

```
            a[i] = a[i+1];
            a[i+1] = t;
        }
    }
}
printf("排序后的顺序是:");
for(i =1;i <=8;i ++ )
printf("%d ",a[i]);
printf("\n");
}
```

运行结果是：

```
请输入8个整数:11 33 19 87 34 65 8 30
排序后的顺序是:8 11 19 30 33 34 65 87
Press any key to continue
```

知识点2　函数的递归调用

一个函数在它的函数体内调用它自身称为递归调用，这种函数称为递归函数。C 语言允许函数的递归调用。在递归调用中，主调函数又是被调函数。执行递归函数将反复调用其自身，每调用一次，就进入新的一层。

微课 2 – 11
函数的递归调用

例如，有函数 f 如下：

```
int f(int x)
{
    int y;
    z = f(y);
    return z;
}
```

这个函数是一个递归函数，但是运行该函数将无休止地调用其自身，这当然是不正确的。为了防止递归调用无休止地进行，必须在函数内有终止递归调用的手段。常用的办法是加条件判断，满足某种条件后，就不再作递归调用，然后逐层返回。

以上分析可推出递归的条件：

（1）调用函数本身（缩小问题规模）。

（2）递归出口（退出条件）。

函数递归调用的一般形式是：

```
func(mode)
{
    if(endCondition) //递归出口
            end
    else
            func(mode_small) //调用本身
}
```

【例1】 递归函数实现 n!。

```c
#include<stdio.h>
int fac(int n)
{
    int f;
    if(n<0) printf("n<0,input error\n");
    else if(n==0||n==1) f=1;
    else f=fac(n-1)*n;
    return f;
}
void main()
{
    int n,y;
    printf("input a inteager number:\n");
    scanf("%d",&n);
    y=fac(n);
    printf("%d! =%ld\n",n,y);
}
```

运行结果是：

```
input a inteager number:
6
6!=720
```

【例2】 递归函数实现数据升序排列。

```c
#include<stdio.h>
void bubble(int a[],int n)
{
    int i,t;
    if(n==1) {return;}
    for(i=0;i<n-1;i++){
    if(a[i]>a[i+1]){
            t=a[i];
            a[i]=a[i+1];
            a[i+1]=t; }
    }
    bubble(a,n-1);
}
void main()
{
    int a[5],i;
    for(i=0;i<5;i++) { scanf("%d",&a[i]);}
    bubble(a,5);
    for(i=0;i<5;i++) { printf("%d ",a[i]);}
}
```

任务实现

用户可以根据不同的关键词进行排序，参考代码如下：

```c
void SortData(struct STU student[],int m)
{
```

```c
int x;//用于选择排序方式
int j;
system("cls");
printf("\t\t——————————————————————\n");
printf("\t\t|                                          |\n");
printf("\t\t|         欢迎进入学生信息排序系统         |\n");
printf("\t\t|                                          |\n");
printf("\t\t——————————————————————\n\n");
printf("\t\t请选择排序方式(1.学号排序 2.姓名排序):");
scanf("%d",&x);//输入选择的排序方式
switch(x)
{
case 1 :
    printf("\t\t你选择了学号排序\n");
    printf("\t\t正在排序");
    Sleep(1000);
    printf(".");
    Sleep(1000);
    printf(".");
    Sleep(1000);
    printf(".\n");
    for(i =1;i <m – counter;i ++ )
        for(j =1;j <m – counter – i;j ++ )
            if(student[j].num >student[j +1].num)
            {
                student[0] =student[j];
                student[j] =student[j +1];
                student[j +1] =student[0];
            }//冒泡排序法
    printf("\t\t排序完成");
    system("pause");
    menu(student,m);
    break;
case 2 :
    printf("\t\t你选择了姓名排序\n");
    printf("\t\t正在排序");
    Sleep(1000);
    printf(".");
    Sleep(1000);
    printf(".");
    Sleep(1000);
    printf(".\n");
    for(i =1;i <m – counter;i ++ )
        for(j =1;j <m – counter – i;j ++ )
            if(strcmp(student[j].name,student[j +1].name) >0)
            {
                student[0] =student[j];//与上面同理
                student[j] =student[j +1];
                student[j +1] =student[0];
            }
```

```
            printf("\t\t 排序完成");
            system("pause");
            menu(student,m);
            break;
    }
}
```

任务评价

通过本任务的学习，检查自己是否掌握了以下技能，在表格中给出个人评价。

评价标准	个人评价
能够在 Visual C ++ 6.0 软件中新建 C ++ Source File	
能够编写代码，构建学生数据模型，录入学生信息，调用 SortData 函数，实现排序功能	
编写 SortData 函数，使用冒泡排序法实现按姓名或按学号对学生信息进行升序或降序排列，排序完成后，返回主界面	
编辑代码后，能够执行编译、连接、运行步骤调试程序	
注：A 完全能做到，B 基本能做到，C 部分能做到，D 基本做不到。	

任务 2.4 实现学生信息快速访问

任务描述

学生信息数据量大，需要重复性地进行数据访问与操作，指针可以用来快速访问数据，也可以用于函数参数传递，进而达到更加灵活地使用函数的目的，使 C 语言程序的设计具有灵活、实用、高效的特点。本任务就是利用指针实现数据传递，同时利用指针访问批量数据，使程序更加快速、灵活。

知识储备

指针是 C 语言中广泛使用的一种构造类型，运用指针编程是 C 语言最主要的风格之一。指针变量可以表示各种数据结构，能很方便地使用数组和字符串，并能像汇编语言一样处理内存地址，从而编出精练而高效的程序。

知识点1 指针变量的定义与使用

一、指针的概念

在计算机中，所有的数据都是存放在存储器中的。一般把存储器中的一个字节称为一个内存单元,不同的数据类型所占用的内存单元数不等,如基本整型占 4 个单元、单精度型占 4 个单元、字符型占 1 个单元等。为了方便地访问这些内存单元,我们为每个内存单元编号,根据内存单元的编号即可准确地找到该内存单元。内存单元的编号也叫作地址。可以说,地址指向该内存单元。根据内存单元的编号或地址就可以找到所需的内存单元,通常把地址形象化地称为指针。

对变量实现访问有两种方式:直接访问和间接访问。访问变量时,直接用变量名进行访问是"直接访问"方式。将变量的地址存放在另一个变量中,然后通过该变量来找到变量的地址实现访问变量是"间接访问"方式。在 C 语言中,可以定义整型变量、字符变量、浮点型(实型)变量等,也可以定义一种特殊的变量,用它来存放地址,这种变量称为指针变量。因此,一个指针变量的值就是某个内存单元的地址或称为某内存单元的指针。一个变量的地址称为该变量的指针。指针变量就是地址变量,用来存放地址,指针变量的值是地址。

二、指针变量的定义

对指针变量的定义包括三个内容:
(1) 指针类型说明,即定义变量为一个指针变量。
(2) 指针变量名。
(3) 变量值(指针)所指向的变量的数据类型。
其一般形式为:

微课 2-12
指针变量的定义与使用

```
类型说明符 *变量名;
```

其中,*表示这是一个指针变量,变量名即为定义的指针变量名,类型说明符表示本指针变量所指向变量的数据类型。

例如:

```
int *p1;
```

表示 p1 是一个指针变量,它的值是某个整型变量的地址。或者说 p1 指向一个整型变量。至于 p1 究竟指向哪一个整型变量,应由向 p1 赋予的地址来决定。

再如:

```
int *p2;           /*p2 是指向整型变量的指针变量*/
float *p3;         /*p3 是指向浮点型变量的指针变量*/
char *p4;          /*p4 是指向字符型变量的指针变量*/
```

注意:一个指针变量只能指向同类型的变量,如 p3 只能指向浮点型变量,不能时而指向一个浮点变量,时而指向一个字符变量。

三、指针变量的初始化

指针变量同普通变量一样,使用之前不仅要定义说明,而且必须赋予具体的值。未经赋值的指针变量不能使用，否则，将造成系统混乱，甚至死机。指针变量的赋值只能赋予地址，决不能赋予任何其他数据，否则，将引起错误。

与指针有关的两个运算符：

（1）&：取地址运算符。

（2）*：指针运算符（或称"间接访问"运算符）。

C语言中提供了地址运算符"&"来表示变量的地址，其一般形式为：

&变量名

例如："&a"表示变量a的地址，"&b"表示变量b的地址。这里需要注意的是，变量本身必须预先说明。

指针变量初始化的一般形式是：

类型说明符　*指针变量名=&变量名；

或者：

类型说明符　*指针变量名；
指针变量名=&变量名；

例如：

int a=5,*p;//定义了整型变量a和一个指向整型变量的指针变量p

如要把整型变量a的地址赋予p，可以有以下两种方式：

（1）先定义指针变量，再初始化。

int a=5,*p;
p=&a;

（2）定义指针变量的同时进行初始化。

int a=5,*p=&a;

注意：

（1）不允许把一个数赋给指针变量，故下面的赋值是错误的：

int *p;
p=1000;

（2）被赋值的指针变量前不能再加"*"说明符，上例中"p=&a;"写为"*p=&a;"是错误的。

四、指针变量的引用

引用已经定义的指针变量所指向的变量基本形式是：

*指针变量名

例如：

```
int a=5,*p;              //定义指针变量p
p=&a;                    //初始化指针变量p
printf("%d\n",*p);       //输出指针变量p所指向变量的值5
```

指针变量的与变量的关系如图 2-15 所示。

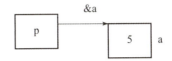

图 2-15 指针变量与变量的关系

由图 2-15 可以看出，指针变量 p 的指向就是变量 a，由此，依据运算符"＊"的含义，"＊p"就是指向变量 a，即 ＊p 的值就是 a。

【例1】通过指针变量访问整型变量。

```
#include<stdio.h>
void main()
{
    int a=10,b=5,*p1,*p2;           //定义整型变量a,b,以及指针变量p1,p2
    p1=&a;p2=&b;                    //初始化指针变量
    printf("a=%d,b=%d\n",a,b);                      //输出整型变量的值
    printf("*p1=%d,*p2=%d\n",*p1,*p2);              //输出指针变量指向的值
    a+=2;
    b--;
    printf("a=%d,b=%d\n",a,b);                      //输出整型变量的值
    printf("*p1=%d,*p2=%d\n",*p1,*p2);              //输出指针变量指向的值
    (*p1)++;
    *p2+=6;
    printf("a=%d,b=%d\n",a,b);                      //输出整型变量的值
    printf("*p1=%d,*p2=%d\n",*p1,*p2);              //输出指针变量指向的值
    *p1-=2;
    *p2=*p1;
    printf("a=%d,b=%d\n",a,b);                      //输出整型变量的值
    printf("*p1=%d,*p2=%d\n",*p1,*p2);              //输出指针变量指向的值
}
```

运行结果是：

```
a=10,b=5
*p1=10,*p2=5
a=12,b=4
*p1=12,*p2=4
a=13,b=10
*p1=13,*p2=10
a=11,b=11
*p1=11,*p2=11
Press any key to continue
```

程序分析：

变量与指针的初始状态如图 2-16 所示。

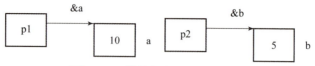

图 2-16 指针与变量的初始状态

由图 2-16 可以看出，指针变量 p1 指向 a，即 *p1 的值是 a 的值 10；指针变量 p2 指向 b，即 *p2 的值是 b 的值 5。

则输出：a 的值和 *p1 的值均为 10，b 的值和 *p2 的值均为 5。

当执行了 "a += 2；b--；" 语句后，上述空间的变化如图 2-17 所示。

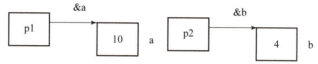

图 2-17 指针与变量的状态

则输出：a 的值和 *p1 的值均为 12，b 的值和 *p2 的值均为 4。

当执行了 "(*p1)++；*p2 += 6；" 语句后，相当于执行了 "a++；b += 6；"，上述空间的变化如图 2-18 所示。

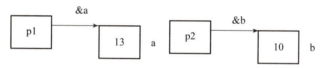

图 2-18 指针与变量的状态

则输出：a 的值和 *p1 的值均为 13，b 的值和 *p2 的值均为 10。

当执行了 "*p1 -= 2；*p2 = *p1；" 语句后，相当于执行了 "a -= 2；b = a；"，上述空间的变化如图 2-19 所示。

图 2-19 指针与变量的状态

则输出：a 的值和 *p1 的值均为 11，b 的值和 *p2 的值均为 11。

【例 2】利用指针变量实现两个数的互换。

```c
#include<stdio.h>
void main()
{
    int a,b,temp,*p1,*p2;        //定义变量
    scanf("%d%d",&a,&b);         //从键盘输入变量的值
    printf("交换前的值:a = %d,b = %d\n",a,b);
```

```
        p1 = &a;p2 = &b;   //初始化指针变量
        temp = *p1;
        *p1 = *p2;
        *p2 = temp;
        printf("交换后的值:a = %d,b = %d\n",a,b);        //输出交换后的值
}
```

运行结果是：

```
5 8
交换前的值：a=5,b=8
交换后的值：a=8,b=5
Press any key to continue
```

知识点 2　指针变量做函数参数

函数的参数不仅可以是整型、实型、字符型等数据，还可以是指针类型。它的作用是将一个地址量传递给被调函数中的形参指针变量，使形参指针变量指向实参指针变量指向的变量，即在函数调用时确定形参指针变量的指向。

回顾：函数部分学过了函数参数的"值传递"方式,如例25。

【例1】普通变量作函数参数。

```
#include<stdio.h>
void swap(int a,int b)
{
    int temp;
    temp = a;
    a = b;
    b = temp;
    printf("形参:a = %d,b = %d\n",a,b);        //输出形参a和b值
}
void main()
{
    int a,b;                                   //定义变量
    scanf("%d%d",&a,&b);                       //从键盘输入变量的值
    swap(a,b);//传递参数,传值方式
    printf("实参:a = %d,b = %d\n",a,b);        //输出实参a和b值
}
```

输入 5 8 后，程序运行结果是：

```
5 8
形参：a=8,b=5
实参：a=5,b=8
```

由结果看出，swap 函数交换的只是形式参数 a 和 b 的值，而主函数中 a 和 b 的值仍保持原状，这是函数参数传值方式的特点：形参的改变不会引起实参的变化。下面实例将函数参

数改成利用指针变量作函数参数,看看能否实现形参的交换。

【例2】指针变量作函数参数。

```
#include<stdio.h>
void swap(int *p1,int *p2)//形参是指针变量
{
    int temp;
    temp = *p1;
    *p1 = *p2;
    *p2 = temp;
    printf("形参:*p1 = %d,*p2 = %d\n",*p1,*p2);
}
void main()
{
    int a,b;                    //定义变量
    scanf("%d%d",&a,&b);        //从键盘输入变量的值
    swap(&a,&b);                //参数是地址量
    printf("实参:a = %d,b = %d\n",a,b);      //输出交换后的值
}
```

若从键盘上输入5 8,程序运行结果如下:

```
5 8
形参:*p1=8,*p2=5
实参:a=8,b=5
```

如果函数参数是指针变量,形参的改变会引起实参的变化,这种参数传递方式称为"址传递"。为此,函数具有两种传递数据的方法:"值传递"方式和"址传递"方式。"值传递"方式中,形参的改变不会引起实参的任何变化,数据传递的方向是从实参传到形参,单向传递;而"址传递"方式中,传递的是地址,所以形参的改变会引起实参的变化。

知识点3 指针变量与数组

一、指针变量与一维数组

1. 指针指向一维数组

一个变量有一个地址,一个数组包含若干元素,相当于包含若干个下标变量,每个数组元素都在内存中占用存储单元,它们都有相应的地址。指针变量既然可以指向变量,当然也可以指向数组元素。每个数组元素按其类型不同占有几个连续的内存单元,数组是由连续的一块内存单元组成的。数组元素的首地址是指它所占有连续内存单元的首地址。所谓数组的指针,是指数组的首地址,数组元素的指针是数组元素的地址。

微课2-13
指针变量访问一维数组

引用数组元素可以用下标法(如a[5]),也可以用指针法,即通过指向数组元素的指针找到所需访问的元素。使用指针法可以使目标程序占用的内存少,运行速度快。

定义一个指向数组元素的指针变量的方法,与以前介绍的指针变量相同。数组指针变量

说明的一般形式为：

  类型说明符　*指针变量名；

其中，类型说明符表示所指向的数组类型。从一般形式可以看出，指向数组的指针变量和指向普通变量的指针变量的说明是相同的。

例如：

```
int a[10] = {1,3,5,7,9,11,13,15,17,19};    /*定义a为包含10个整型数据的数组*/
int *p;                                     /*定义指针变量p为指向整型变量的指针*/
```

应当注意，数组为 int 型，所以指针变量也应为指向 int 型的指针变量。对指针变量赋值："p = &a[0];"，把 a[0]元素的地址赋给指针变量 p。也就是说，p 指向 a 数组的第 0 号元素。C 语言规定，数组名（不包含形参数组名）代表数组的首地址，也就是第 0 号元素的地址。因此下面两个语句等价：

```
p = &a[0];        //p 的值是 a[0]的地址
```

等价于：

```
p = a;            //p 的值是数组 a 首元素(即 a[0]的地址)
```

注意：数组名不代表整个数组，只代表数组首元素的地址。上述"p = a;"的作用是"把 a 数组的首元素的地址赋给指针变量 p"，而不是"把数组 a 各个元素的值赋给 p"。

从图 2-20 中可以看出，有以下关系：p、a、&a[0]均指向同一单元，它们是数组 a 的首地址，也是第 0 号元素 a[0]的首地址。

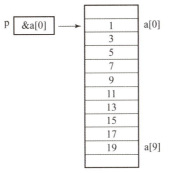

图 2-20 指针指向数组元素

注意：这里指针变量 p 是变量，其值可以更改，而 a、&a[0]都是常量（数组一旦被定义，在程序运行期间，其地址是不变的），在编程时应予以注意。

2. 指针引用一维数组元素

数值型数据进行算术运算（加，减，乘，除等）的目的和含义是非常清楚的，指针变量也是变量，那么在什么情况下需要用到指针型数据的算术运算呢？其具体的含义是什么？

指针就是地址，对地址进行乘除运算显然是没有意义的，那么能否对指针进行加和减运算呢？答案是：当指针变量指向数组元素的时候，允许对指针进行加减运算，具体如下：

加一个整数（用 + 或者 += ），如 p + 1 或者 p += 1；
减一个整数（用 – 或者 –= ），如 p – 1 或者 p –= 1；
自加运算，如 p ++，++ p；
自减运算，如 p – –，– – p；
两个指针相减，如 p1 – p2（只有 p1 和 p2 都指向同一个数组中的元素时才有意义）。
具体说明如下：

（1）如果指针变量 p 已指向数组中的一个元素，则 p + 1 指向同一数组中的下一个元素，p – 1 指向同一数组的上一个元素。注意：执行 p + 1 时，并不是将 p 的值（地址）简单地加 1，而是加上一个数组元素所占用的字节数。例如，数组元素是 int 型，每个元素占 4 字节，则 p + 1 意味着使 p 的值（地址）加 4 字节，以使它指向下一个元素。由此可以得到一个通式：p + 1 所代表的地址实际上是 (p + 1 × d)，d 是一个数组元素所占的字节数（在 Visual C ++ 6.0 中，int 型，d = 4；float 型和 long 型，d = 4；double 型，d = 8；short 型，d = 2；char 型，d = 1）。

（2）如果 p 的初值为 &a[0]（或者是 p = a），则 p + i 和 a + i 就是数组元素 a[i] 的地址，或者说它们指向 a 数组序号为 i 的元素，如图 2 – 21 所示。

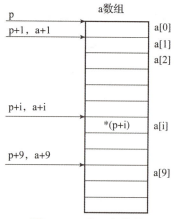

图 2 – 21　数组与指针

（3）如果 p 的初值为 &a[0]（或者是 p = a），则 *(p + i) 或 *(a + i) 就是 p + i 或 a + i 所指向的数组元素，即 a[i]。例如 *(p + 5) 或 *(a + 5) 就是 a[5]，即 *(p + 5)、*(a + 5) 和 a[5] 三者等价。

（4）如果指针变量 p1 和 p2 都指向同一个数组，如执行 p2 – p1，结果是 p2 – p1 的值（两个地址之差）除以数组元素占用的字节数，即得到两者相差的元素个数。两个地址不能相加，没有实际意义。

（5）指向数组的指针变量也可以带下标，如 p[i] 与 *(p + i) 等价。

根据以上叙述，引用一个数组元素可以用以下两种方式：

（1）下标法，即用 a[i] 形式访问数组元素。在前面介绍数组时都是采用这种方法。

（2）指针法，即采用 *(a + i) 或 *(p + i) 形式，用间接访问的方法来访问数组元素，其中 a 是数组名，p 是指向数组的指针变量，其初值 p = a。

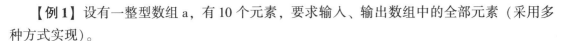

【例1】 设有一整型数组a，有10个元素，要求输入、输出数组中的全部元素（采用多种方式实现）。

（1）下标法访问数组元素。

```c
#include<stdio.h>
void main()
{
    int a[10];      //定义数组
    int i;          //定义循环变量实现数组的基本输入和输出
    printf("input 10 numbers:");
    for(i=0;i<10;i++)    //从键盘输入数组元素的值
        scanf("%d",&a[i]);
    for(i=0;i<10;i++)    //输出数组元素的值
        printf("%d ",a[i]);
    printf("\n");
}
```

（2）通过数组名来实现数组元素的访问。

```c
#include<stdio.h>
void main()
{
    int a[10],i;     //定义数组和循环变量
    printf("input 10 numbers:");
    for(i=0;i<10;i++)      //从键盘输入数组元素的值
        scanf("%d",(a+i));    //使用数组名和循环变量的移动实现元素的访问
    for(i=0;i<10;i++)      //输出数组元素的值
        printf("%d ",*(a+i));
    printf("\n");
}
```

（3）利用指针变量指向数组元素。

```c
#include<stdio.h>
void main()
{
    int a[10],*p=a;      //定义数组和指向数组的指针变量
    int i;               //定义循环变量实现数组的基本输入和输出
    printf("input 10 numbers:");
    for(p=a;p<(a+10);p++)    //从键盘输入数组元素的值
        scanf("%d",p);
    for(p=a;p<(a+10);p++)    //输出数组元素的值
        printf("%d ",*p);    //用指针指向当前的数组元素
    printf("\n");
}
```

注意：在使用指针变量指向数组元素时，可以通过改变指针变量的值来指向不同的元素，如上例中第（3）种方法是利用指针变量p来指向元素，用p++使p的值不断改变，从

而指向不同的元素。如若不使用 p 变化而是用数组名 a 的变化，行不行呢？代码实现如下：

```
for(p=a;a<(p+10);a++)    //错误代码
    printf("%d",*a);
```

这样做是不行的。数组名 a 代表数组元素的首地址，它是一个指针型常量，在程序运行过程中，其值是固定不变的，即 a++ 就不可能实现。

【例2】利用指针变量实现一维数组的升序排列。

```
#include<stdio.h>
void main()
{
    int a[10],i,j,t;//定义数组、循环变量和交换的中间变量
    int *p=a;//定义指针变量并使其指向数组首地址
    for(i=0;i<10;i++)//从键盘输入数组元素的值
        scanf("%d",p+i);
    printf("\n");
    for(j=0;j<9;j++)    //实现9趟比较
        for(i=0;i<9-j;i++)    //在每一趟比较中进行9-j次比较
            if(*(p+i)>*(p+i+1))    //相邻的两个数进行比较
            {    //交换数据
                t=*(p+i);
                *(p+i)=*(p+i+1);
                *(p+i+1)=t;
            }
    for(i=0;i<10;i++)//输出排序后数组元素的值
        printf("%d ",*(p+i));
    printf("\n");
}
```

二、指针变量与字符串

1. 字符数组与字符串

用字符数组存放一个字符串，可以通过数组名和下标引用字符串中一个字符，也可以通过数组名和格式声明"%s"输出该字符串。

【例3】定义一个字符数组 str，在其中存放字符串"I love China!"，输出该字符串和第8个字符。

```
#include<stdio.h>
void main()
{
    char string[]="I love China!";          //定义字符数组 str
    printf("%s\n",string);        //用%s格式声明输出 str,可以输出整个字符串
    printf("%c\n",string[7]);          //用%c格式输出一个字符数组元素
}
```

2. 指针变量指向一个字符串

C 语言对字符串常量是按照字符数组进行处理的，即在内存中以其字符数组的形式存

放，但是该字符数组没有数组名，只能通过指针变量来引用。

例如：char *string = "I Love China"；语句的含义是指针变量 p 指向字符串"I Love China"所在数组的首地址，如图 2-22 所示。

"char *string = "I love China!"；"并不是把"I love China!"字符串存放到 string 中（指针变量只能存放地址），而是将"I love China!"的第一个字符的地址即内存中字符数组的首地址赋给指针变量 string。字符串指针变量的定义说明与指向字符变量的指针变量说明是相同的，只能按对指针变量的赋值不同来区别。

例如：char c，*p = &c；表示 p 是一个指向字符变量 c 的指针变量。而 char *s = "I love China!"；则表示 s 是一个指向字符串的指针变量，把字符串的首地址赋予 s。

上例中，首先定义 string 是一个字符指针变量，然后把字符串的首地址赋予 string（应写出整个字符串，以便编译系统把该串装入连续的一块内存单元），并把首地址送入 string。程序中的：

图 2-22 指针引用字符串

```
char *string = "I love China!";
```

等效于：

```
char *string;
string = " I love China!";
```

【例 4】输出字符串中 n 个字符后的所有字符。

```
#include<stdio.h>
void main()
{
    char *p = "this is a book";     //定义 char *型指针变量,并初始化
    int n = 10;                     //设置移动数值
    p = p + n;                      //将指针变量向后移动 10 个位置
    printf("%s\n",p);               //输出移动后的值
}
```

运行结果是：

book

3. 数组与指针处理字符串区别

使用字符数组和字符指针变量都可实现字符串的存储和运算，但是两者是有区别的，在使用时应注意以下几个问题：

（1）字符数组由若干个元素组成，每个元素中放一个字符，而字符指针变量中存放的是地址（字符串中第一个字符的地址），不是将字符串放到字符指针变量中。

（2）赋值方式。可以对字符指针变量赋值，但是不能对数组名赋值。

对字符指针变量可以采用下面赋值方式：

```
char *ps = "C Language";
```

等价于：

```
char *ps;ps = "C Language";
```

而对数组方式：

```
char st[] = "C Language";
```

却不能写为：

```
char st[20];st = "C Language";   //不合法，st 是数组名，其值是常量
```

由于数组名 st 为常量，不能出现在赋值运算符的左侧，因而只能对字符数组的各元素逐个赋值。

（3）存储单元的内容，编译时为字符数组分配若干个存储单元，以存放各元素的值，而对字符指针变量，只分配其自身的存储单元。

（4）指针变量的值是可以改变的，而数组名代表一个固定的值（数组首元素的地址），不能改变。

（5）引用元素的值。

如有以下定义：

```
char a[] = "Hello"; char *p = "Hello";
```

对字符数组 a 可以用下标法（数组名[下标]）引用一个数组元素（如 a[2]），也可以使用地址法 *(数组名+下标)（如 *(a+2)）引用数组元素 a[2]。字符指针变量 p 引用字符串中的字符可以使用下标法 p[2]引用，也可以使用地址法 *(p+2)引用。

（6）字符数组中各元素的值是可以改变的，但是字符指针变量指向的字符串常量的内容是不可改变的。如：

```
char a[] = "Hello";          //字符数组 a 初始化
char *b = "Hello";           //指针变量 b 初始化
a[1] = 't';                  //合法,t 取代 a 数组元素 a[1]的原值 e
b[1] = 't';                  //不合法,字符串常量不能改变
```

知识点 4　指针变量与结构体

一、指向结构体指针变量

1. 结构体指针变量定义

一个指针变量当用来指向一个结构体变量时，称之为结构体指针变量。结构体指针变量

中的值是所指向的结构体变量的首地址。通过结构体指针即可访问该结构体变量，这与指针变量访问普通变量是一样的。

有如下结构体：

```
struct stu
{
    int num;
    char name[20];
    int age;
    char sex;
};
```

结构体指针变量说明的一般形式为：

```
struct 结构名 *结构指针变量名
```

结构体指针变量的初始化：

（1）定义的结构体指针变量的同时初始化。

```
struct stu a,*p=&a;//指针变量p指向了结构体变量a
```

（2）先定义结构体指针变量，后初始化。

```
struct stu a,*p;
p=&a;   //指针变量p指向了结构体变量a
```

2. 结构体指针变量访问结构体成员

指针变量访问结构体成员的一般形式为：

```
(*结构体指针变量).成员名
```

或为：

```
结构体指针变量 –> 成员名
```

例如：访问 name 成员可以有以下几种方式：

a.name   // 运用结构体变量 a 进行访问

(*p).name   //(*p)两侧的括号不可少，因为成员符"."的优先级高于"*"

p –> name   // 运用结构体指针进行访问

【例1】把一个学生的信息（包括姓名、性别、成绩）放在一个结构体变量中，然后用结构体变量指针输出此学生的信息。

```
#include<stdio.h>
struct stu
{
    int num;
    char *name;
```

```
    char sex;
    float score;
} boy1 = {102,"Zhang ting",'M',78.5}, *pstu;
void main()
{
    pstu = &boy1;
    printf("Number = %d \nName = %s \n",(*pstu).num,(*pstu).name);
    printf("Sex = %c \nScore = %f \n\n",(*pstu).sex,(*pstu).score);
    printf("Number = %d \nName = %s \n",pstu -> num,pstu -> name);
    printf("Sex = %c \nScore = %f \n\n",pstu -> sex,pstu -> score);
}
```

二、指针与结构体数组

结构指针变量可以指向一个结构体数组，这时结构体指针变量的值是整个结构体数组的首地址。结构体指针变量也可指向结构体数组的一个元素，这时结构体指针变量的值是该结构体数组元素的地址。

```
struct stu
{
    int num;
    char *name;
    char sex;
    float score;
} boy[5], *p = boy;
```

指针变量 p 是指向结构体 stu 的指针变量，使 p 的值指向结构体数组 boy，即 p 指向该结构体数组的 0 号元素，p+1 指向 1 号元素，p+i 则指向 i 号元素，则 *(p+i) 就是 boy[i]，这与普通数组的情况是一致的。

【例2】有三个学生的基本信息放在结构体数组中，要求运用结构体指针变量输出全部学生的信息。

```
#include <stdio.h>
struct student
{
    int num;
    char *name;
    char sex;
    int age;
} stu[3] = {{201401,"zhang sheng",'F',18},{201402,"li hua",'M',20},
{201403,"zhao jie",'M',19}};
void main()
{
    struct student *p;
    p = stu;
```

```
        for(;p<stu+3;p++)
            printf("%d %12s %c %d\n",p->num,p->name,p->sex,p->age);
}
```

常见编译错误与改正方法

本任务程序设计中经常出现的错误以及解决方案如下:

1. 指针变量存放普通变量的值,而不是地址量

代码举例:

```
#include<stdio.h>
void main()
{
    int a=10,*p;
    p=a;
    printf("%d\n",*p);
}
```

错误显示:

```
error C2440: '=' : cannot convert from 'int' to 'int *'
```

解决方法:将代码"p=a;"改为"p=&a;"。

2. 指针变量未有确定指向

代码举例:

```
#include<stdio.h>
void main()
{
    int a=10,*p;
    printf("%d\n",*p);
}
```

错误显示:

```
warning C4700: local variable 'p' used without having been initialized
```

解决方法:指针变量定义后需要有初始值,在定义后加上语句"p=&a;"。

3. 给指针变量初始化时数组名前加"&"

代码举例:

```
#include<stdio.h>
void main()
{
    int a[5],*p=&a;
    printf("%d\n",*p);
}
```

错误显示：

```
error C2440: 'initializing' : cannot convert from 'int (*)[5]' to 'int *'
```

解决方法：数组名本身就是数组元素的首地址，将语句更改为"int a [5], *p = a;"。

4. 指针变量做函数参数时实参类型不匹配

代码举例：

```c
#include<stdio.h>
int max(int *p,int *q)
{
    return *p>*q? *p:*q;
}
void main()
{
    int a=5,b=8;
    printf("%d\n",max(a,b));
}
```

错误显示：

```
error C2664: 'max' : cannot convert parameter 1 from 'int' to 'int *'
```

解决方法：将语句"printf("%d\n",max(a,b));"中的max(a,b)改为max(&a,&b)。

5. 指针变量所指向的类型与初始化时变量类型不匹配

代码举例：

```c
#include<stdio.h>
void main()
{
    int a=5,*p;
    char b='A';
    p=&b;
    printf("%d\n",*p);
}
```

错误显示：

```
error C2440: '=' : cannot convert from 'char *' to 'int *'
```

解决方法：将语句"p=&b;"改为"p=&a;"。

任务实现

这里以输入和查询函数为例，实现指针变量访问数据，参考代码如下：

```c
void InputData(struct STU *s,int m)
{
    system("cls");
    printf("\t\t——————————————————————\n");
    printf("\t\t| |\n");
    printf("\t\t|     欢迎进入学生信息录入系统      |\n");
    printf("\t\t| |\n");
```

```c
        printf("\t\t——————————————————————\n\n");
        printf("\t\t请输入学生信息:学号 名字 年龄 性别(性别:男:M,女:W)\n");
        for(i=1;i<m;i++)
        {
            printf("\t\t\t\t");
            scanf("%d%s%d %c",&(s+i)->num,(s+i)->name,&(s+i)->age,&(s+i)->sex);
        }
        printf("\t\t录入完成返回主界面");
        Sleep(2000);//停2秒(()里的2000是两千毫秒),然后返回主界面函数
        menu(s,m);
}
void InquiryData(struct STU *s,int m)
{
    int x;//用于选择查询方式
    int n=1;//用于标记是否正确选择
    int num;//学号
    char name[20];
    system("cls");
    printf("\t\t——————————————————————\n");
    printf("\t\t|                                          |\n");
    printf("\t\t|        欢迎进入学生信息查询系统          |\n");
    printf("\t\t|                                          |\n");
    printf("\t\t——————————————————————\n\n");
    printf("\t\t请选择查询方式(1.学号查询 2.姓名查询):");
    while(n)//如果正确选择,将不会循环,因为选择正确,n会被赋值0
    {
        scanf("%d",&x);//输入选择的查询方式
        switch(x)
        {
            case 1:
                printf("\t\t你选择了学号查询\n");
                printf("\t\t请输入学号:");
                scanf("%d",&num);//输入学号
                for(i=1;i<m-counter;i++)//N-counter(总数-删除的人数)
                    if(num==(s+i)->num)
                    {
                        printf("\t\t你要查询的学生信息为:学号:%d 姓名:%s 年龄:%d 性别:%c\n",(s+i)->num,(s+i)->name,(s+i)->age,(s+i)->sex);
                        break;
                    }
                if(i==m-counter)
                    printf("\t\t查无此人!\n");
                n=0;
                break;
            case 2:
                printf("\t\t你选择了姓名查询\n");
                printf("\t\t请输入姓名:");
                getchar();//接收回车
                gets(name);//输入姓名
                for(i=1;i<m-counter;i++)
                {
```

```
                    if(strcmp(name,(s+i)->name)==0)
                    {
                        printf("\t\t你要查询的学生信息为:学号:%d 姓名:%s 年龄:%d 性别:%c \n",
(s+i)->num,(s+i)->name,(s+i)->age,(s+i)->sex);
                        break;
                    }
                }
                if(i==m-counter)
                    printf("\t\t查无此人!\n");
                n=0;
                break;
            default :printf("\t\t选择错误,请重新输入你要选择的查询方式:");
        }
    }
    printf("\t\t查询完成");
    system("pause");
    menu(s,m);
}
```

任务评价

通过本任务的学习，检查自己是否掌握了以下技能，在表格中给出个人评价。

评价标准	个人评价
能够在 Visual C++ 6.0 软件中新建 C++ Source File	
能够编写代码，构建学生数据模型，使用指针变量访问数据，实现学生信息的录入和查询功能	
编写输入学生信息函数 InputData，录入学生信息，录入完成后，返回主界面	
编写查询学生信息函数 InquiryData，按学号或姓名查询，查询完成后，返回主界面	
编辑代码后，能够执行编译、连接、运行步骤调试程序	
注：A 完全能做到，B 基本能做到，C 部分能做到，D 基本做不到。	

任务 2.5 实现学生信息的存储

任务描述

系统设计好之后，每运行一次，都要重新输入学生信息，这不符合逻辑，正常的系统只需要输入一次之后将信息保存，后续就是对信息进行管理的常规操作，为此，需要将学生输入的信息存储在文件中，而后进入系统中，只需要从文件中将信息读取再进行信息处理即可。具体实现可参考图 2-23。

图 2-23　保存文件

知识储备

文件是存储在外部介质上的数据集合，是在逻辑上具有完整意义的一组相关信息的序列。每个文件都有一个特殊的标识，叫作文件名。由于文件存储在外部存储介质上，因此文件中的数据可以永久保存。C 语言对文件的操作主要是对数据文件的读写操作，即将文件中的数据读入后赋值给变量，或将变量数据写到文件中保存。本任务仅讨论数据文件的打开、关闭、读、写、定位等操作。

知识点 1　文件的分类

根据用户的不同需求，文件分为不同的类型，按不同的格式存储在磁盘上。从不同的角度可对文件作不同的分类。

（1）按编码方式，分为 ASCII 码文件和二进制码文件。

ASCII 文件也称为文本文件，这种文件在磁盘中存放时，每个字符对应一个字节，用于存放对应的 ASCII 码。二进制文件是按二进制的编码方式来存放文件的。

（2）按用户角度，分为普通文件和设备文件。

普通文件是指驻留在磁盘或其他外部介质上的文件。可以是程序的源文件、目标文件、可执行程序；也可以是一组待输入的原始数据，或者是一组程序处理后输出的结果。对于源文件、目标文件、可执行程序，可以称为程序文件；对程序输入/输出的数据，一般称为数据文件。设备文件是指与主机相连的各种外部设备，如显示器、键盘、打印机等。在操作系统中，把外部设备也看成是一个文件来进行管理。把对这些设备的输入、输出操作等同于对磁盘文件的读和写操作。

通常把显示器定义为标准输出文件，一般情况下，在屏幕上显示有关信息就是向标准输出文件输出。如前面经常使用的 printf、putchar 函数就是这类输出。

键盘通常被指定为标准的输入文件，从键盘上输入就意味着从标准输入文件上输入数据。scanf、getchar 函数就属于这类输入。

知识点 2　文件的打开与关闭

微课 2-14
文件打开与关闭

文件在进行读写操作之前要先打开，使用完毕后要关闭。所谓打开文件，实际上是建立文件的各种有关信息，并使文件指针指向该文件，以便进行其他操作；关闭文件则断开指针与文件之间的联系，也就禁止再对该文件进行操作。

一、文件指针

在 C 语言中用一个指针变量指向一个文件，这个指针称为文件指针。通过文件指针就可对它所指的文件进行各种操作。

定义说明文件指针的一般形式为：

```
FILE *指针变量标识符；
```

其中，FILE 应为大写，它实际上是由系统定义的一个结构，该结构中含有文件名、文件状态和文件当前位置等信息，在编写源程序时，不必关心 FILE 结构的细节。

例如：

```
FILE *fp;
```

表示 fp 是指向 FILE 结构的指针变量，通过 fp 即可找存放某个文件信息的结构变量，然后按结构变量提供的信息找到该文件，实施对文件的操作。习惯上也笼统地把 fp 称为指向一个文件的指针。

二、文件的打开（fopen 函数）

fopen 函数用来打开一个文件，其调用的一般形式为：

```
文件指针名=fopen(文件名,使用文件方式)；
```

其中"文件指针名"必须是被说明为 FILE 类型的指针变量；"文件名"是被打开文件的文件名；"使用文件方式"是指文件的类型和操作要求。

例如：

```
FILE *fp;fp=("filea","r");
```

其意义是在当前目录下打开文件 filea，只允许进行"读"操作，并使 fp 指向该文件。

```
FILE *fphzk;fphzk=("c:\\hzk16","rb");
```

其意义是打开 C 驱动器磁盘的根目录下的文件 hzk16，这是一个二进制文件，只允许按二进制方式进行读操作。两个反斜线 "\\" 中的第一个表示转义字符，第二个表示根目录。使用文件的方式共有 12 种，表 2-1 给出了它们的符号和意义。

表 2–1　文件使用方式

文件使用方式	意义
"rt"	只读打开一个文本文件，只允许读数据
"wt"	只写打开或建立一个文本文件，只允许写数据
"at"	追加打开一个文本文件，并在文件末尾写数据
"rb"	只读打开一个二进制文件，只允许读数据
"wb"	只写打开或建立一个二进制文件，只允许写数据
"ab"	追加打开一个二进制文件，并在文件末尾写数据
"rt +"	读写打开一个文本文件，允许读和写
"wt +"	读写打开或建立一个文本文件，允许读写
"at +"	读写打开一个文本文件，允许读，或在文件末尾追加数据
"rb +"	读写打开一个二进制文件，允许读和写
"wb +"	读写打开或建立一个二进制文件，允许读和写
"ab +"	读写打开一个二进制文件，允许读，或在文件末尾追加数据

说明：（1）文件使用方式由 r、w、a、t、b、+ 六个字符中的某几个字符组成，各字符的含义是：

r（read）：读。

w（write）：写。

a（append）：追加。

t（text）：文本文件，可省略不写。

b（banary）：二进制文件。

+：读和写。

（2）凡用"r"打开一个文件时，该文件必须已经存在，并且只能从该文件读出。

（3）用"w"打开的文件只能向该文件写入。若打开的文件不存在，则以指定的文件名建立该文件；若打开的文件已经存在，则将该文件删去，重建一个新文件。

（4）若要向一个已存在的文件追加新的信息，只能用"a"方式打开文件。但此时该文件必须是存在的，否则将会出错。

（5）在打开一个文件时，如果出错，fopen 将返回一个空指针值 NULL。在程序中可以用这一信息来判别是否完成打开文件的工作，并做相应的处理。因此常用以下程序段打开文件：

```
if(fp = fopen("c:\\hzk16","rb") == NULL)
 {
    printf("\nerror on open c:\\hzk16 file!");
    exit(0);
 }
```

这段程序的意义是，如果返回的指针为空，表示不能打开 C 盘根目录下的 hzk16 文件，则给出提示信息"error on open c:\hzk16 file!",按 Enter 键后执行 exit(0)退出程序。

exit(0)表示程序正常退出,exit(1)/exit(-1)表示程序异常退出。exit()函数包含于头文件 stdlib.h 中,因此,在使用 exit()函数时,要加语句#include < stdlib.h >。

(6) 标准输入文件(键盘)、标准输出文件(显示器)、标准出错输出(出错信息)是由系统打开的,可直接使用。

(7) 二进制文件不能用文本方式打开,文本文件也不能用二进制方式打开,否则读出的数据将是不正确的。

【例1】 打开 C 盘根下的 ab.txt 文件,验证文件能否正确打开。

```
#include < stdio.h >
#include < stdlib.h >
void main()
{
    FILE *fa;
    if((fa = fopen("c:\\ab.txt","r")) == NULL)
    {
        printf("\n Cannot open the file!");
        exit(0);    /*退出*/
    }
    else
        printf("\n Open! ");
}
```

三、文件的关闭(fclose 函数)

文件一旦使用完毕,应用关闭文件函数把文件关闭,以避免文件的数据丢失等错误。
fclose 函数调用的一般形式是:

```
fclose(文件指针);
```

例如:

```
fclose(fp);
```

正常完成关闭文件操作时,fclose 函数返回值为0,如返回非零值,则表示有错误发生。

【例2】 关闭 C 盘根下的 ab.txt 文件,验证文件能否正确关闭。

```
#include < stdio.h >
#include < stdlib.h >
void main()
{
    FILE *fa;
    if((fa = fopen("c:\\ab.txt","r")) == NULL)
    {
        printf("\n Cannot open the file!");
        exit(0);    /*退出*/
```

```
        }
    if((fclose(fa))==0)
        printf("file close !\n");
}
```

知识点 3　字符读写函数

一、读字符函数 fgetc

fgetc 函数的功能是从指定的文件中读一个字符，函数调用的形式为：

字符变量 = fgetc(文件指针);

微课 2-15
字符读写函数

例如：语句"ch = fgetc(fp);"的意义是从打开的文件 fp 中读取一个字符并送入字符 ch 中。

说明：

（1）在 fgetc 函数调用中，读取的文件必须是以读或读写方式打开的。

（2）读取字符的结果也可以不向字符变量赋值。

例如：fgetc(fp); // 本语句中读出的字符不能保存

（3）在文件内部有一个位置指针，用来指向文件的当前读写字节。在文件打开时，该指针总是指向文件的第一个字节。使用 fgetc 函数后，该位置指针将向后移动一个字节，因此可连续多次使用 fgetc 函数读取多个字符。应注意文件指针和文件内部的位置指针不是一回事。文件指针是指向整个文件的，须在程序中定义说明，只要不重新赋值，文件指针的值是不变的。文件内部的位置指针用于指示文件内部的当前读写位置，每读写一次，该指针均向后移动，它不需要在程序中定义说明，而是由系统自动设置的。

（4）EOF 是 End Of File 的缩写，EOF 可以作为文本文件的结束标志。当以文本形式读取文件内容，读入的字符值等于 EOF 时，表示读入的已不是正常的字符，而是文件结束符。

【例1】将磁盘文件"ab.txt"的信息读出并显示到屏幕上。

```
#include <stdio.h>
#include <stdlib.h>
void main()
{
    FILE *fp; char c;
    if((fp = fopen("c:\\ab.txt","r")) == NULL)
    {
        printf("\n File not exist!");
        exit(0);
    }
    while((c = fgetc(fp))! = EOF)  //判断文件是否到达文件末尾
        putchar(c);
```

```
        fclose(fp);
}
```

二、写字符函数 fputc

fputc 函数的功能是把一个字符写入指定的文件中，函数调用的形式为：

```
fputc(字符量,文件指针);
```

其中，待写入的字符量可以是字符常量或变量，例如：语句"fputc('a',fp);"的意义是把字符 a 写入 fp 所指向的文件中。

说明：

（1）被写入的文件可以用写、读写、追加方式打开，用写或读写方式打开一个已存在的文件时，将清除原有的文件内容，写入字符从文件首开始。如需保留原有文件内容，希望写入的字符从文件末开始存放，必须以追加方式打开文件。被写入的文件若不存在，则创建该文件。

（2）每写入一个字符，文件内部位置指针向后移动一个字节。

（3）fputc 函数有一个返回值，如写入成功，则返回写入的字符，否则，返回一个 EOF。可用此来判断写入是否成功。

【例2】从键盘输入一些字符存到一个磁盘文件 ab.txt 中，以"#"结束。

```
#include<stdio.h>
#include<stdlib.h>
void main()
  {
    FILE *fp; char c;
    if((fp=fopen("c:\\ab.txt","w"))==NULL)
    {
        printf("\n File cannot open!");
        exit(0);
    }
    while((c=getchar())!='#') { fputc(c,fp );}
    fclose(fp);
}
```

从键盘输入字符串"hello"，程序运行结果是将"hello"写入文件"ab.txt"中，如图 2-24 所示。

图 2-24　文件结果

知识点 4　字符串读写函数

一、读字符串函数 fgets

读字符串函数的功能是从指定的文件中读一个字符串到字符数组中，函数调用的形式为：

`fgets(字符数组名,n,文件指针);`

其中，n 是一个正整数，表示从文件中读出的字符串不超过 n−1 个字符。在读入的最后一个字符后面加上串结束标志"\0"。例如：语句"fgets(str,n,fp);"的意义是从 fp 所指的文件中读出 n−1 个字符送入字符数组 str 中。

微课 2−16
字符串读写函数

说明：
(1) 在读出 n−1 个字符之前，如遇到了换行符或 EOF，则读出结束。
(2) fgets 函数也有返回值，其返回值是字符数组的首地址。

【例 1】利用函数 fgets 将文本文件 ab.txt 中的内容全部读出并显示在屏幕上。

```
#include<stdio.h>
#include<stdlib.h>
void main()
{
    FILE *fp;
    char str[20];
    if((fp=fopen("c:\\ab.txt","rt"))==NULL)
      {
            printf("Cannot open file!");
            exit(0);
      }
    while(fgets(str,20,fp)!=NULL)
      {
            puts(str);
      }
    fclose(fp);
}
```

二、写字符串函数 fputs

fputs 函数的功能是向指定的文件写入一个字符串，其调用形式为：

`fputs(字符串,文件指针);`

其中，字符串可以是字符串常量，也可以是字符数组名或指针变量。例如：语句"fputs("abcd",fp);"的意义是把字符串"abcd"写入 fp 所指的文件之中。

【例 2】在文件 ab.txt 中追加一个字符串。

```
#include<stdio.h>
#include<stdlib.h>
```

```
void main()
{
    FILE *fp;
    char st[20];
    if((fp=fopen("c:\\ab.txt","at+"))==NULL)
    {
        printf("Cannot open file strike any key exit!");
        exit(0);
    }
    printf("input a string:\n");
    scanf("%s",st);
    fputs(st,fp);
    fclose(fp);
}
```

运行结果是：

文件"ab.txt"追加字符串"world!"后，结果如图 2－25 所示。

图 2－25　文件追加结果

知识点 5　数据块读写函数

一、写数据块函数 fwrite

写数据块函数调用的一般形式为：

`fwrite(buffer,size,n,fp);`

函数功能是从 butter 所指的内存区域取 size＊n 个字节数据，输出到 fp 指向的文件中。操作成功时，返回所输出的数据项的个数，若出错，则返回0。例如：

微课 2－17
数据块读写函数

```
char str[11];
...
fwrite(str,2,5,fp);
```

其意义是从数组 str 取 2×5 共计 10 字节输出到 fp 所指的文件中。

【例1】 从键盘输入两个学生数据,写入文件 ab.txt 中。

```c
#include<stdio.h>
#include<stdlib.h>
struct stu
{
  char name[10];
  int num;
  int age;
  char addr[15];
}boya[2],*pp;
void main()
{
    FILE *fp;
    int i;
    pp=boya;
    if((fp=fopen("c:\\ab.txt","wb+"))==NULL)
    {
         printf("Cannot open file strike any key exit!");
         exit(0);
    }
    printf("\ninput data\n");
    for(i=0;i<2;i++,pp++)
         scanf("%s%d%d%s",pp->name,&pp->num,&pp->age,pp->addr);
    pp=boya;
    fwrite(pp,sizeof(struct stu),2,fp);
    fclose(fp);
}
```

二、读数据块函数 fread

读数据块函数调用的一般形式为:

fread(buffer,size,n,fp);

函数功能是从 fp 指向的文件中读取长度为 size 的 n 块数据项,存到 butter 所指的内存区域。操作成功时,返回所读出的数据项的个数,若遇文件尾或出错,则返回0。例如:语句"fread(fa,2,6,fp);"的意义是从 fp 所指的文件中每次读2字节(一个实数)送入整型数组 fa 中,连续读6次,即读6个整数到 fa 中。

【例2】 将文件 ab.txt 中的两个学生的数据读出并显示在屏幕上。

```c
#include<stdio.h>
#include<stdlib.h>
struct stu
{
  char name[10];
  int num;
  int age;
  char addr[15];
```

```
}boya[2],*qq;
void main()
{
    FILE *fp;
    int i;
    qq=boya;
    if((fp=fopen("c:\\ab.txt","rt+"))==NULL)
    {
        printf("Cannot open file strike any key exit!");
        exit(0);
    }
    fread(qq,sizeof(struct stu),2,fp);
    printf("name\tnumber\tage\taddr\n");
    for(i=0;i<2;i++,qq++)
        printf("%s\t%d\t%d\t%s\n",qq->name,qq->num,qq->age,qq->addr);
    fclose(fp);
}
```

知识点6 格式化读写函数

fscanf 函数、fprintf 函数与前面使用的 scanf、printf 函数的功能相似,都是格式化读写函数,两者的区别在于 fscanf 函数和 fprintf 函数的读写对象不是键盘和显示器,而是磁盘文件。

微课 2-18
格式化读写函数

一、格式化写函数 fprintf

格式化写函数调用的一般形式为:

fprintf(文件指针,格式字符串,输出表列);

函数功能是把输出表列中的数据按格式字符串指定格式输出到文件指针所指的文件中。操作成功时,返回实际输出的数据个数,如果出错,则返回0。

例如:

fprintf(fp,"%d%s",i,s);

【例1】按指定的格式将学生信息写入文件 cd.txt 中。

```
#include<stdio.h>
#include<stdlib.h>
struct student
{
    char name[10];
    int num;
    int age;
    char addr[15];
```

```
}boy[2],*pp;
void main()
{
    FILE *fp;
    int i;
    pp=boy;
    if((fp=fopen("c:\\cd.txt","wb+"))==NULL)
        {printf("Cannot open file!");exit(0);}
    printf("\ninput data\n");
    for(i=0;i<2;i++,pp++)
        scanf("%s%d%d%s",pp->name,&pp->num,&pp->age,pp->addr);
    pp=boy;
    for(i=0;i<2;i++,pp++)
        fprintf(fp,"%s\t%d\t%d\t%s\n",pp->name,pp->num,pp->age,pp->addr);
    fclose(fp);
}
```

二、格式化读函数 fscanf

格式化读函数调用的一般形式为：

fscanf(文件指针,格式字符串,输入表列);

函数功能是将从文件指针指向的文件中按格式字符串指定格式读入的数据送到输入表列所指向的内存单元。操作成功时，返回所读出的数据个数，若遇文件尾，则返回0。

例如：

```
int i;
char s[20];
fscanf(fp,"%d%s",&i,s);
```

【例2】 从文件 cd.txt 中，按指定的格式，将学生信息读出并显示到屏幕上。

```
#include<stdio.h>
#include<stdlib.h>
struct stu
{
    char name[10];
    int num;
    int age;
    char addr[15];
}boy[2],*pp;
void main()
{
    FILE *fp;
    int i;
    fp=fopen("c:\\cd.txt","rb+");
```

```
pp = boy;
for(i = 0;i < 2;i ++ ,pp ++ )
    fscanf(fp,"%s %d %d %s \n",pp -> name,&pp -> num,&pp -> age,pp -> addr);
printf("name \tnumber \tage \taddr \n");
pp = boy;
for(i = 0;i < 2;i ++ ,pp ++ )
    printf("%s \t%d \t%d \t%s \n ",pp -> name,pp -> num,pp -> age,pp -> addr);
fclose(fp);
}
```

知识点 7　文件随机读写

前面介绍的对文件的读写方式都是顺序读写，即读写文件只能从头开始，顺序读写各个数据，在实际问题中，常要求只读写文件中某一指定的部分。为了解决这个问题，可移动文件内部的位置指针到需要读写的位置，再进行读写，这种读写称为随机读写。

一、文件定位

实现随机读写的关键是要按要求移动位置指针，这称为文件的定位。移动文件内部位置指针的函数主要有两个，即 rewind 函数和 fseek 函数。

rewind 函数形式：

rewind(文件指针);

功能是把文件内部的位置指针移到文件首。

fseek 函数形式：

fseek(文件指针,位移量,起始点);

功能是移动文件内部位置指针。

其中，"文件指针"指向被移动的文件。"位移量"表示移动的字节数，要求位移量是 long 型数据，以便在文件长度大于 64 KB 时不会出错。当用常量表示位移量时，要求加后缀"L"。"起始点"表示从何处开始计算位移量，规定的起始点有三种：文件首、当前位置和文件末尾。其表示方法见表 2 - 2。

表 2 - 2　文件起始点表示方法

起始点	表示符号	数字表示
文件首	SEEK_SET	0
当前位置	SEEK_CUR	1
文件末尾	SEEK_END	2

例如：fseek(fp,100L,0);，其意义是把位置指针移到离文件首 100 字节处。

还要说明的是，fseek 函数一般用于二进制文件。在文本文件中由于要进行转换，故往往计算的位置会出现错误。

二、文件的随机读写

在移动位置指针之后，即可用前面介绍的任一种读写函数进行读写。由于一般是读写一个数据块，因此常用 fread 和 fwrite 函数。

【例 1】 在学生文件 ab.txt 中读出第二个学生的数据。

```
#include <stdio.h>
#include <stdlib.h>
struct stu
{
   char name[10];
   int num;
   int age;
   char addr[15];
}boy,*qq;
void main()
{
   FILE *fp;
   int i=1;
   qq=&boy;
   if((fp=fopen("c:\\ab.txt","rb"))==NULL)
   {
       printf("Cannot open file strike any key exit!");
       exit(1);
   }
   rewind(fp);
   fseek(fp,i*sizeof(struct stu),0);
   fread(qq,sizeof(struct stu),1,fp);
   printf("\nname\tnumber\tage\taddr\n");
   printf("%s\t%d\t%d\t%s\n",qq->name,qq->num,qq->age,qq->addr);
   fclose(fp);
}
```

运行结果是：

```
name     number    age      addr
Lucy     2         17       USA
Press any key to continue_
```

知识点 8　文件检测函数

1. 文件结束检测函数 feof 函数

调用格式：feof（文件指针）；

功能：判断文件是否处于文件结束位置，如文件结束，则返回值为 1；否则，为 0。

2. 读写文件出错检测函数

调用格式：ferror（文件指针）；

功能：检查文件在用各种输入/输出函数进行读写时是否出错。如 ferror 返回值为 0，表示未出错；否则，表示有错。

3. 文件出错标志和文件结束标志置 0 函数

调用格式：clearerr（文件指针）；

功能：本函数用于清除出错标志和文件结束标志，使它们为 0。

常见编译错误与改正方法

本任务程序设计中经常出现的错误以及解决方案如下：

1. 文件类型指针 FILE 写成小写的 file

代码举例：

```
#include<stdio.h>
#include<stdlib.h>
void main()
{
    file *fa;
    if((fa=fopen("d:\\ab.txt","r"))==NULL)
    {
        printf("\n Cannot open the file!");
        exit(0);    /*退出*/
    }
    else
        printf("\n Open! ");
}
```

错误显示：

```
error C2065: 'file' : undeclared identifier
error C2065: 'fa' : undeclared identifier
```

解决方法：将语句"file *fa;"更改为"FILE *fa;"。

2. exit 库函数头文件未引入

代码举例：

```
#include<stdio.h>
void main()
{
    FILE *fa;
    if((fa=fopen("d:\\ab.txt","r"))==NULL)
    {
        printf("\n Cannot open the file!");
        exit(0);/*退出*/
    }
    else
        printf("\n Open! ");
}
```

错误显示：

```
error C2065: 'exit' : undeclared identifier
```

解决方法：添加头文件"#include < stdlib. h >"。

任务实现

定义实现学籍信息的存储函数 SaveData，参考代码如下：

```c
void SaveData(struct STU student[],int m)//学生信息存储函数定义
{
    FILE *fp;
    system("cls");
    printf("\t\t——————————————————————\n");
    printf("\t\t|                                      |\n");
    printf("\t\t|         欢迎进入学生信息保存系统     |\n");
    printf("\t\t|                                      |\n");
    printf("\t\t——————————————————————\n\n");
    if((fp = fopen("e:\\school.txt","wt")) == NULL)
    {
        printf("\t\t 文件没有被建立 \n");
        exit(0);
    }
    printf("\t\t 正在保存");
    Sleep(1000);
    printf(".");
    Sleep(1000);
    printf(".");
    Sleep(1000);
    printf(".");
    for(i =1;i < m - counter;i ++ )
fprintf(fp,"%d\t%s\t%d\t%c\n",student[i].num,student[i].name,student[i].age,student[i].sex);
    fclose(fp);
    printf("\t\t 保存成功");
    system("pause");
    menu(student,m);
}
```

任务评价

通过本任务的学习，检查自己是否掌握了以下技能，在表格中给出个人评价。

评价标准	个人评价
能够在 Visual C++ 6.0 软件中新建 C++ Source File	
能够编写代码，构建学生数据模型，录入学生信息，调用 SaveData 函数，实现学生信息的存储功能	
编写学生信息存储函数 SaveData，将学生信息保存在 e:\\school.txt 文件中，保存成功后，返回主界面	
编辑代码后，能够执行编译、连接、运行步骤调试程序	
注：A 完全能做到，B 基本能做到，C 部分能做到，D 基本做不到。	

附录1 《C语言程序设计》实训部分

项目一 ATM自助存取款机

任务1.1 设计ATM自助存取款机的欢迎页面

知识图谱

任务要点

利用VC ++ 6.0编译环境实现C程序的编辑与调试,学会使用库函数printf打印出想要的字符串,同时学会查错、改错。

基础巩固

选择题

1. 一个C程序的执行是从（　　）。
   A. 本程序的main函数开始,到本程序的main函数结束
   B. 本程序文件的第一个函数开始,到本程序文件的最后一个函数结束
   C. 本程序的main函数开始,到本程序文件的最后一个函数结束
   D. 本程序文件的第一个函数开始,到本程序的main函数结束
2. 以下叙述不正确的是（　　）。
   A. 一个源程序可由一个函数或者多个函数组成
   B. 一个源程序必须包含一个main函数
   C. C程序的基本组成单位是函数
   D. 在C程序中,注释说明只能位于第一条语句的后面
3. C语言规定,在一个源程序中,main函数的位置（　　）。
   A. 必须在最开始
   B. 必须在系统调用的库函数后面
   C. 可以任意
   D. 必须在最后

基础能力训练

1. 分行打印出"我是炎黄子孙!"及"我爱你中国!"。

2. 在主函数中编写程序打印以下图形：

```
*****
 *****
  *****
   *****
```

3. 在主函数中编写程序打印以下图形：

```
   *
  ***
 *****
*********
```

拓展能力训练

在主函数中编写程序打印以下图形：

```
    *
   * *
  * * *
 * * * *
* * * * *
 * * * *
  * * *
   * *
    *
```

任务1.2　设置卡余额以及输入存、取款数额

知识图谱

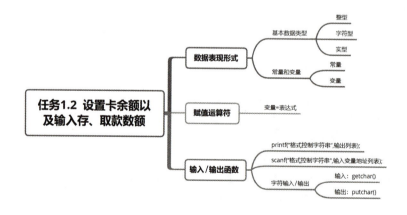

任务要点

编程过程中经常需要用到不同类型的变量，C 程序中有三大基本数据类型：整型、实型以及字符型。不同类型变量的存储形式不同，分配的存储空间也不同。变量在定义后需要设置其初始值，初始值的设置可以使用赋值运算符实现赋予固定的值。C 程序的输入和输出是用户和计算机之间的交互方式，其中有两个函数最常用，分别是 scanf 函数与 printf 函数。

基础巩固

一、选择题

1. 以下变量名合法的是（　　　）。
   A. ABC、L10、a_b、_a1
   B. ?123、print、*p、a+b
   C. _12、zhang、*p、11F
   D. li_li、p、for、101

2. 下面正确的字符常量是（　　　）。
   A. "c"
   B. '12'
   C. '9'
   D. 9

3. 在 C 语言中，char 型数据在内存中的存储形式是（　　　）。
   A. 补码
   B. 原码
   C. 反码
   D. ASCII 码

4. 在 C 语言中，整型数据在内存中的存储形式是（　　　）。
   A. 补码
   B. 原码
   C. 反码
   D. ASCII 码

5. 下列字符常量表示中，（　　　）是错误的。
   A. '\105'
   B. '*'
   C. '\4f'
   D. '\a'

6. putchar 函数可以向终端输出一个（　　　）。
   A. 整型变量表达式
   B. 实型变量值
   C. 字符串
   D. 字符或字符型变量值

7. 已有如下定义和输入语句，若要求 a1、a2、c1、c2 的值分别为 10、20、A、B，当从第一列开始输入数据时，正确的数据输入方式是（　　　）。

```
int a1,a2;
char c1,c2;
scanf("%d%c%d%c",&a1,&c1,&a2,&c2);
```

   A. 10A□20B<CR>
   B. 10□A□20□B<CR>
   C. 10□A20B<CR>
   D. 10A20□B<CR>

8. 已有如下定义和输入语句，若要求 a1、a2、c1、c2 的值分别为 10、20、A、B，当从第一列开始输入数据时，正确的数据输入方式是（　　　）。

```
int a1,a2;
char c1,c2;
scanf("%d%d",&a1,&a2);
scanf("%c%c",&c1,&c2);
```

   A. 1020AB<CR>
   B. 10□20<CR>AB<CR>
   C. 10□□20□□AB<CR>
   D. 10□20AB<CR>

9. 有输入语句：scanf("a=%d,b=%d,c=%d",&a,&b,&c);，为使变量 a 的值为 1，b 为 3，c 为 2，从键盘输入数据的正确形式，应当是（　　　）。
   A. 132<CR>
   B. 1, 3, 2<CR>
   C. a=1□b=3□c=2<CR>
   D. a=1, b=3, c=2<CR>

10. 以下说法正确的是（　　）。

A. 输入项可以为一个实型常量，如 scanf("%f",3.5);

B. 只有格式控制，没有输入项，也能进行正确输入，如 scanf("a=%d，b=%d");

C. 当输入一个实型数据时，格式控制部分应规定小数点后的位数，如 scanf("%4.2f",&f);

D. 当输入数据时，必须指明变量的地址，如 scanf("%f",&f);

二、分析以下程序的运行结果

1.
```
#include<stdio.h>
void main()
{
int m=5,y=2;
y+=y-=m*=y;
printf("y=%d\n",y);
}
```

2.
```
#include<stdio.h>
void main()
{
int a=5,b=4,c=3,d;
d=a>b>c;
printf("d=%d\n",d);
}
```

3.
```
#include<stdio.h>
void main()
{
int a=5,b=4,c=3,d;
d=a<b<c;
printf("d=%d\n",d);
}
```

4.
```
#include<stdio.h>
void main()
{
int x,y;
x=11;
y=x>12?x+10:x-12;
printf("%d\n",y);
}
```

5.
```
#include<stdio.h>
void main()
{
int a=5,b=0,c=0;
```

```
if(a = b + c) printf("***\n");
else printf("$$$\n");
}
```

基础能力训练

1. 定义两个整型变量 a、b，连续输入两个变量的值并以格式 "a = %d, b = %d\n" 形式输出。

2. 从键盘上连续输入两个字符，再分别输出（使用 scanf 和 printf 函数）。

3. 从键盘上连续输入两个字符，再分别输出（使用 getchar 和 putchar 函数）。

4. 定义一个实型变量 a，从键盘输入其值后，以保留小数点 2 位小数的形式输出。

拓展能力训练

输入/输出学生信息，包括学号（整型）、性别（字符型）、年龄（整型）、身高（实型），分别提示用户输入相关信息，并最终以格式 "该学生的学号是：**，性别是：**，年龄是：**，身高是：**" 输出。

任务1.3 判断存款数额的合理性及余额的变化

知识图谱

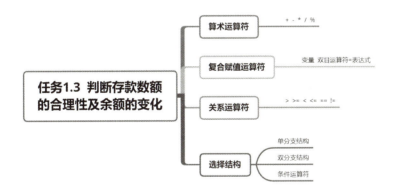

任务要点

C 语言程序设计中的选择结构也称为分支结构，是一种根据判断条件成立与否来确定程序执行方向的程序设计结构。其中，判断条件中会涉及关系运算符，复杂的可能会涉及任务 1.4 中的逻辑运算符。

基础巩固

一、选择题

1. 在 C 语言中，运算符的优先级高低的排列顺序是（　　）。
   A. 关系、算术、赋值　　　　　　　　B. 算术、赋值、关系
   C. 赋值、关系、算术　　　　　　　　D. 算术、关系、赋值

2. 以下程序的输出结果是（　　）。

```
main()
{int a=3;
printf("%d",(a+=a-=a*a));
}
```

A. -6   B. 12   C. 0   D. -12

3. 以下运算符中，（   ）的运算结合性是从右向左。

A. +（加法）   B. %   C. +=   D. >

4. 已知字母A的ASCII码值为十进制数65，且c2为字符型，则执行语句c2=A+'6'-'3';后，c2的值为（   ）。

A. D   B. 66   C. 不确定的值   D. C

5. 已知int x=10,y=20,z=30;，执行以下语句后，x、y、z的值是（   ）。

```
if(x>y)
    z=x;x=y;y=z;
```

A. x=10,y=20,z=30   B. x=20,y=30,z=30
C. x=20,y=30,z=10   D. x=10,y=20,z=30

6. 若变量已正确定义，和语句"if(a>=b) k=0;else k=1"等价的是（   ）。

A. k=(a>=b)?1:0;   B. k=a>=b;
C. k=a<b;   D. a>=b?0:1

二、分析以下程序的运行结果

1.
```
#include<stdio.h>
void main()
{
int m=5,y=2;
y+=y-=m*=y;
printf("y=%d\n",y);
}
```

2.
```
#include<stdio.h>
void main()
{
int a=5,b=4,c=3,d;
d=a>b>c;
printf("d=%d\n",d);
}
```

3.
```
#include<stdio.h>
void main()
{
int a=5,b=4,c=3,d;
```

```
    d = a < b < c;
    printf("d = %d \n",d);
}
4. #include < stdio.h >
void main()
{
int x,y;
x = 11;
y = x >12?x +10:x –12;
printf("%d\n",y);
}
5. #include < stdio.h >
void main()
{
int a = 5,b = 0,c = 0;
if(a = b + c) printf(" ***\n");
else printf(" $$$\n");
}
```

基础能力训练

1. 从键盘输入三个成绩，输出三个成绩中的最大者。
2. 判断输入的数是否是偶数，如果是，输出 yes；否则，输出 no。
3. 对输入的三个数按照升序进行排序。

拓展能力训练

输入三位数，把三个数字逆序组成一个新的数再输出。例如输入 345，输出 543。

任务1.4　判断取款数额的合理性以及选取不同功能操作

知识图谱

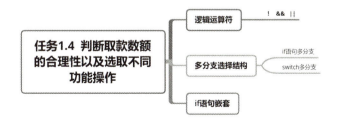

任务要点

复杂关系的描述通常需要借助关系运算符及逻辑运算符来实现，多分支选择结构一般有 if else 形式和 switch 形式。if else 适合条件比较复杂但是分支比较少的情况；switch 适合条件比较简单但是分支较多的情况。通常的做法是：在适合使用 switch 的情况下，会优先使用 switch；如果不适合，则使用 if else。

基础巩固

一、选择题

1. 在 C 语言中，表示逻辑值"假"用（   ）。
   A. 1　　　　　　　　B. 非 0 的数　　　　　C. 0　　　　　　　　D. 大于 0 的数

2. 下列运算符中，优先级别最高的是（   ）。
   A. >　　　　　　　　B. +（加法）　　　　　C. &&　　　　　　　　D. %

3. 以下各运算符中，（   ）结合性是从右向左。
   A. 三目　　　　　　　B. 算术　　　　　　　C. 逻辑　　　　　　　D. 比较

4. 逻辑运算符两侧运算对象的数据类型（   ）。
   A. 只能是 0 或 1
   B. 只能是 0 或者是非 0 的正数
   C. 只能是整型或字符型数据
   D. 可以是任意类型数据

5. 判断 char 型变量 ch 是否为大写字母的正确表达式是（   ）。
   A. 'A' <= ch <= 'Z'
   B. (ch >= 'A') & (ch <= 'Z')
   C. (ch >= 'A') && (ch <= 'Z')
   D. ('A' <= ch) AND ('Z' >= ch)

6. 已知 x = 43, ch = 'A', y = 0, 则表达式 (x >= y && ch < 'B' && ! y) 的值是（   ）。
   A. 0　　　　　　　　B. 语法错　　　　　　C. 1　　　　　　　　D. "假"

7. 下列关于 switch 语句的描述中，（   ）是正确的。
   A. switch 语句中 default 子句可以没有，也可以有一个
   B. switch 语句中每个语句序列中必须有 break 语句
   C. switch 语句中 default 子句只能放在最后
   D. switch 语句中 case 子句后面的表达式可以是整型表达式

二、分析以下程序的运行结果

1. ```
#include<stdio.h>
void main()
{
int a,b,d=241;
a=d/100%9;
b=(-1)&&(-1);
printf("%d,%d\n",a,b);
}
```

2. ```
#include<stdio.h>
void main()
{
```

```
int a=1,b=2,c=3,d=4,m=1,n=1;
(m=a>b)&&(n=c>d);
printf("%d,%d\n",m,n);
}
3. void main()
{int x=2,y=-1,z=2;
if(x<y)
if(y<0) z=0;
else z+=1;
printf("%d\n", z);
}
```

基础能力训练

1. 判断输入的年份是否是闰年，如果是，输出 yes；反之，输出 no。闰年条件满足以下任何一个即可：

（1）能被 4 整除但不能被 100 整除。

（2）能被 400 整除。

2. 编写程序，输入 x 的值，求解函数值。

$$Y = \begin{cases} x & , & x < 1 \\ 2x - 1 & , & 1 <= x < 10 \\ 3x - 11 & , & x >= 10 \end{cases}$$

3. 商场打折：若一次消费满 1 000 元及以上，打 85 折；500 元（包含）至 1 000 元（不包含）打 9 折；300 元（包含）至 500 元（不包含）打 9.5 折；300 以下不打折。从键盘输入消费金额，输出实际支付金额。

4. 输入 1~7，打印出星期一至星期日。

5. 从键盘上输入一个字符，判断它是否是大写字母，如果是，将它转换成小写字母；如果不是，不转换。然后输出最后得到的字符。

6. 从键盘输入两个整数，求出这两个数的大小关系。即表示出 a>b，或者是 a<b，或者是 a=b。

7. 判断输入的整数是否是三位数，如果是，将其个位、十位以及百位数字分别输出，反之，输出"不是三位数"。例如：输入 689，则输出"百位数字是 6，十位数字是 8，个位数字是 9"；输入 98，则输出"不是三位数"。

拓展能力训练

给出一个不多于 5 位的正整数，要求：①求它是几位数；②分别打印出每一位数字；③按逆序打印出各位数字。例如，原数是 1234，应分别输出它是 4 位数、每位数字是 1 2 3 4 以及逆序数字是 4 3 2 1。

任务1.5 校验用户密码

知识图谱

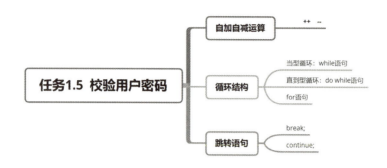

任务要点

循环结构是指在程序中需要反复执行某个功能而设置的一种程序结构。它由循环体中的条件来判断是继续执行循环体还是退出循环。构成循环的三个要素是循环变量、循环体和循环终止条件。循环结构有三种语句，即 while、do…while 和 for 循环。

基础巩固

一、选择题

1. 设 x、y 均为整型变量，且 x = 10，y = 3，则下列语句的输出结果是（　　）。
`printf("% d,% d",x ++,++y);`

  A. 11，3   B. 10，3   C. 10，4   D. 11，4

2. 下列运算符中，优先级别最高的是（　　）。

  A. ++   B. +   C. &&   D. %

3. 下列说法中，正确的是（　　）。

  A. while 语句是先执行循环体后进行判断，如果循环表达式为假，则退出循环；反之，继续循环

  B. do…while 语句是先执行循环体后进行判断，如果循环表达式为假，则退出循环；反之，继续循环

  C. break 语句只能用于循环体语句中

  D. 执行 continue 语句意味着循环体已经结束

4. 下列有关 break 语句说法中，（　　）是错误的。

  A. break 语句可以用在 switch 语句中

  B. break 语句用在循环中意指退出本循环

  C. break 语句只能用在循环体语句中

  D. break 语句的书写方法是：break；

5. 有如下程序段：

`int n = 9;`

while(n>6) {n--; printf("%d",n);}

该程序段的输出结果是（　　）。

A. 987　　　　　　B. 876　　　　　　C. 8765　　　　　　D. 9876

6. 要想结束本次循环，应使用的语句是（　　）。

A. break；　　　　B. goto；　　　　C. continue；　　　　D. 不确定

7. 在 C 语言的 while 循环语句中，用作条件的表达式是（　　）。

A. 任意表达式　　　B. 算术表达式　　　C. 赋值表达式　　　D. 逗号表达式

8. 已知：int i, x;，下列 for 循环的循环次数是（　　）。

for(i=0,x=0;!x&&i<=5;i++)x++;

A. 5 次　　　　　　B. 6 次　　　　　　C. 1 次　　　　　　D. 无限

9. 已知 int i=5;，下述 while 循环执行次数是（　　）。

while(i=0) i--;

A. 0 次　　　　　　B. 1 次　　　　　　C. 5 次　　　　　　D. 无限

10. 下列关于循环体的描述中，（　　）是错误的。

A. 循环体语句中可以出现 break 语句和 continue 语句

B. 循环体语句中还可以出现循环体语句

C. 循环体语句中不能出现 if 语句

D. 循环体语句中可以出现开关语句

二、分析以下程序的运行结果

1. #include<stdio.h>
void main()
{
int i=8,j=10,m,n;
m=++i;
n=j++;
printf("%d,%d,%d,%d\n",i,j,m,n);
}

2. #include<stdio.h>
void main()
{
int x=10,y=9;
int a,b,c;
a=(--x==y++)? --x: ++y;
b=x++;
c=y;
printf("%d,%d,%d\n",a,b,c);
}

3. #include<stdio.h>

```
void main()
{
int m = 5;
if(m ++ >5) printf("%d\n",m + 3);
else printf("%d\n",m - 2);
}
```

4. ```
#include <stdio.h>
void main()
{
int i = 0;
while(++i)
{
if(i ==10) break;
if(i%3! =1) continue;
printf("%d\n",i);
}
}
```

## 基础能力训练

1. 求 S = 1 ×2 ×3 ×4 × … ×10，即 10!。

2. 求 1! +2! +3! + … +5!。

3. 输入一个大于 3 的整数 n，判定它是否为素数，如果是，输出"yes"，否则，输出"no"。

4. 求 sum = 1 + 1/2 + 1/4 + … + 1/50。

5. 从键盘上连续输入字符，并统计出大写字母的个数，直到输入"换行"字符结束。

6. 从键盘读入 10 个数，编写程序求这 10 个数中的最大值。

7. 输入一行字符，分别统计出其中字母、数字、空格和其他字符的个数。

8. 输出 1～100 之间能被 3 整除的所有数据，并要求每行输出 4 个数。

## 拓展能力训练

求 $S_n$ = a + aa + aaa + … + aaaaaa…a 的值，其中 a 是一个数字。例如：2 + 22 + 222 + 2222 + 22222（此时 n 为 5），n 和 a 均由键盘输入。

## 任务1.6 运用函数实现存取款等功能

### 知识图谱

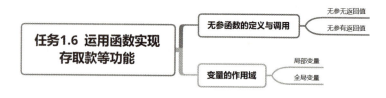
```

任务要点

一个较大的程序一般应分为若干个程序模块,每一个模块用来实现特定的功能。在 C 语言中,这个程序模块的作用由函数来完成。一个 C 程序由一个主函数和若干个函数构成,由主函数调用其他函数,其他函数也可以相互调用。

基础巩固

一、选择题

1. 以下叙述中,正确的是(   )。
   A. 构成 C 程序的基本单位是函数
   B. 可以在一个函数中定义另一个函数
   C. main( )函数必须放在其他函数之前
   D. 所有被调用的函数一定要在调用之前进行定义

2. 以下程序的输出结果是(   )。
```
int  a=100,b=200;
void fun()
{
a++,b++;
printf("a=%d,b=%d ",a,b);
}
main()
{   int a=10,b=20;
fun();
printf("a=%d,b=%d\n",a,b);
}
```
   A. a=101,b=201 a=10,b=20   B. a=100,b=200 a=10,b=20
   C. a=101,b=201 a=101,b=201   D. a=101,b=201 a=10,b=20

3. 下列说法中,正确的是(   )。
   A. 局部变量在一定范围内有效,且可与该范围外的其他变量同名
   B. 如果一个源文件中,全局变量与局部变量同名,则在局部变量范围内,局部变量不起作用
   C. 局部变量和全局变量不能出现同名情况
   D. 函数体内的局部变量,在函数体外也有效

4. 函数的返回值类型由(   )确定。
   A. return 语句中的表达式类型   B. 调用函数的类型
   C. 函数定义时的类型   D. 被调用函数的类型

二、分析以下程序运行结果

1.
```c
#include<stdio.h>
int fun()
{
  int i,s=1;
    for(i=1;i<=5;i++)
       s*=i;
    return s;
}
main()
 {
  printf("%d\n",fun());
 }
```

2.
```c
#include<stdio.h>
int    a=10,b=10;
void fun()
{
a--,b--;
printf("a=%d,b=%d\n",a,b);
}
main()
{   int   a=1,b=2;
fun();
a++,b++;
printf("a=%d,b=%d\n",a,b);
  }
```

基础能力训练

1. 编写求两个数中的最大值的函数,并在主函数中测试将最大值输出。
2. 编写求三位数各个位上的数字的函数,并在主函数中测试。
3. 编写求 5 的阶乘函数,并在主函数中测试将值输出。
4. 编写求 1~100 中能被 3 整除的数的和函数,并在主函数中测试将和输出。

拓展能力训练

编写函数,该函数功能是打印 Fibonacci 数列的前 40 个数,并要求每行输出四个数。Fibonacci 数列有如下特点:第 1、2 个数为 1、1。从第三个数开始,该数是其前面两个数之和。即:

$$\begin{cases} F_1 = 1 & (n=1) \\ F_2 = 1 & (n=2) \\ F_n = F_{n-1} + F_{n-2} & (n \geqslant 3) \end{cases}$$

项目二　学籍管理系统

任务2.1　构建学生模型

知识图谱

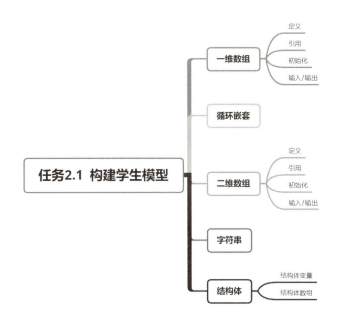

任务要点

在学习本任务之前，我们使用的数据都是基本类型（整型、字符型、实型）的数据，但是在很多的情况下，基本类型数据满足不了需求，因此，C语言还提供了构造类型的数据，常见的有数组类型和结构体类型。将相同类型的数据组合为一个整体，这种类型就是数组；将不同类型的数据组合成一个有机的整体，以便于引用，而结构体就是这种类型，将不同的数据类型集合在一起，视"不同"为"相同"，因此结构体又称为广义的数组。本任务就是介绍一维数组、二维数组、字符串、结构体的定义及使用。

基础巩固

一、选择题

1. 在 C 语言中，引用数组元素时，其数组下标的数据可以是（　　　　）。
   A. 整型常量　　　　　　　　　　B. 整型表达式
   C. 整型常量或整型表达式　　　　D. 任何类型的表达式
2. 以下对一维数组 a 的定义，正确的是（　　　　）。
   A. int n；scanf("%d",&n)；int a[n]；
   B. int n = 10,a[n]；
   C. int a(10)；
   D. #define SIZE 10　　　int a[SIZE]；

3. 若有说明：int a[10];，则对数组元素的引用，正确的是（　　）。
   A. a[10]　　　　B. a[3,5]　　　　C. a(5)　　　　D. a[10－10]
4. 对语句 int a[10]＝{6,7,8,9,10}; 的正确理解是（　　）。
   A. 5 个初值依次为 a[1]~a[5]
   B. 5 个初值依次为 a[0]~a[4]
   C. 5 个初值依次为 a[5]~a[9]
   D. 5 个初值依次为 a[6]~a[10]
5. 以下对二维数组 a 的正确说明是（　　）。
   A. int a[3][ ];　　　　　　　　B. float a(3,4);
   C. double a[1][4];　　　　　　D. float a(3)(4);
6. 若有说明：int a[3][4];，则对数组 a 中数组元素的引用，正确的是（　　）。
   A. a[2][4]　　　B. a[1,3]　　　C. a[1＋1][0]　　　D. a(2)(1)
7. 以下能对二维数组 a 进行正确初始化的语句是（　　）。
   A. int a[2][ ]＝{{1,0,1},{5,2,3}};
   B. int a[ ][3]＝{{1,2,3},{4,5,6}};
   C. int a[2][4]＝{{1,2,3},{4,5},{6}};
   D. int a[ ][3]＝{{1,0,1,9},{1,1}};
8. 下面程序有错误的行是（　　）（行前数字表示行号）。

```
1  main()
2  {
3    int a[3]={0};
4    int i;
5    for(i=0;i<3;i++) scanf("%d",&a[i]);
6    for(i=1;i<4;i++) a[0]=a[0]+a[i];
7    printf("%d\n",a[0]);
8  }
```

   A. 没有错误　　　B. 3　　　　　C. 5　　　　　D. 6
9. 下面是对 s 的初始化，其中不正确的是（　　）。
   A. char s[5]＝{"abc"};　　　　　B. char s[5]＝{'a','b','c'};
   C. char s[5]＝" ";　　　　　　　D. char s[5]＝"abcde";
10. 下面程序段的运行结果是（　　）。

```
char c[5]={'a','b','\0','c','\0'};
printf("%s",c);
```

   A. 'a''b'　　　B. ab　　　C. ab c　　　D. ab■（■表示空格）
11. 对两个数组 a 和 b 进行如下初始化：

```
char a[]="ABCDEF";
char b[]={'A','B','C','D','E','F'};
```

则以下叙述正确的是（　　）。

A. a 与 b 数组完全相同　　　　　　B. a 与 b 数组长度相同

C. a 和 b 中都存放字符串　　　　　D. a 数组比 b 数组长度长

12. 有两个字符数组 a、b，则以下正确的输入语句是（　　）。

A. gets(a,b);　　　　　　　　　　B. scanf("%s%s",a,b);

C. scanf("%s%s",&a,&b);　　　　D. gets("a"); gets("b");

13. 有字符数组 a[80] 和 b[80]，则正确地输出两个数组的语句是（　　）。

A. puts(a,b);　　　　　　　　　　B. printf("%s,%s",a[ ],b[ ]);

C. putchar(a,b);　　　　　　　　D. puts(a), puts(b);

14. 判断字符串 s1 是否大于字符串 s2，应当使用（　　）。

A. if(s1>s2)　　　　　　　　　　B. if(strcmp(s1,s2))

C. if(strcmp(s2,s1)>0)　　　　　D. if(strcmp(s1,s2)>0)

15. 下面描述正确的是（　　）。

A. 两个字符串包含的字符个数相同时，才能比较字符串

B. 字符个数多的字符串比字符个数少的字符串大

C. 字符串"STOP"与"STOP■"相等

D. 字符串"That"小于字符串"The"

16. 当说明一个结构体变量时，系统分配给它的内存是（　　）。

A. 各成员所需内存总量的总和　　　B. 结构中第一个成员所需内存量

C. 成员中占内存量最大者所需的容量　D. 结构中最后一个成员所需内存量

17. 设有以下说明语句：

```
struct stu
{
int a;
float b;
}s;
```

则下面叙述不正确的是（　　）。

A. struct 是结构体类型的关键字

B. struct stu 是用户定义的结构体类型

C. s 是用户定义的结构体类型名

D. a 和 b 都是结构体成员名

二、分析以下程序运行结果

1.
```
#include<stdio.h>
void main()
{
    int a[8]={1,2,3,4,5,6,7,8},i,s=0;
    for(i=0;i<8;i+=2)
```

```
        s += a[i];
      printf("s = %d\n",s);
}
```

2. ```
#include <stdio.h>
main()
{int i,r;
char s1[10] = "bus",s2[10] = "book";
for(i = r = 0;s1[i]! = '\0'&&s2[i]! = '\0';i ++)
{
      if(s1[i] == s2[i])
          i ++ ;
       else {
          r = s1[i] - s2[i];
          break;}
}
printf("%d\n",r);
}
```

3. ```
#include <stdio.h>
  void main()
  {  int a[3][3] = {1,3,5,7,9,11,13,15,17};
     int sum = 0,i,j;
     for (i = 0;i < 3;i ++ )
       for (j = 0;j < 3;j ++ )
         if (i == j)
           sum = sum + a[i][j];
       printf("sum = %d\n",sum);
      }
```

4. ```
#include <stdio.h>
 #include <string.h>
 main()
 {
   char a[20] = "AB",b[20] = "LMNP";
   int i = 0;strcat(a,b);
   while(a[i]! = '\0')
   {
     b[i] = a[i];
     i ++ ;
   }
   puts(b);
 }
```
```

基础能力训练

1. 定义一维整型数组，包含有5个元素，要求对5个元素依次赋值为1、2、3、4、5，并按照逆序输出元素的值。

2. 已知数组 int a[10] = {1,2,3,4,5,6,7,8,9,10}，将数组元素进行逆置并输出。

3. 在元素值互不相同的一维数组"int a[10];"中查找与给定值 x 相等的数组元素，如果有，在数组中输出其下标；如果没有，则给出提示。

4. 在一维数组"int a[10];"的第 t 个元素位置上插入一个值为 x 的新元素。

5. 将一维数组"int a[10];"的第 t 个元素删除，t 由用户输入，如果不在数组范围内，则提示。

6. 定义一个包含10个整型元素的一维数组，现从键盘输入一个数，将数组中与该值相同的元素删除；如果在数组中找不到与该值相同的元素，则不删除。

7. 求一维数组"int a[10];"中的最大值以及最大值所在的下标。

8. 求二维数组"int a[3][4];"中的最大值以及最大值所在的行、列下标。

9. 在值互不相同的二维数组中查找与给定值 x 相等的数据元素，并返回其所在行和列。

拓展能力训练

有一篇文章，共有3行文字，每行有80个字符。要求分别统计出其中英文大写字母、英文小写字母、数字、空格以及其他字符个数。

任务2.2 实现学生信息的输入、输出、删除、修改、查询

知识图谱

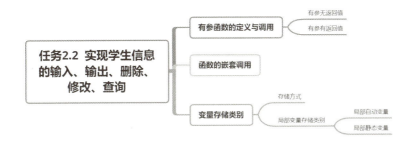

任务要点

有的情况下需要主调函数中提供数据（变量的定义在主调函数中完成），被调函数接收主调函数中的数据并实现相应的操作，有参函数就是这种类型的函数；有时在调用 A 函数时发现 A 函数语句中又调用了 B 函数，这便是函数的嵌套调用。

基础巩固

一、选择题

1. 在 C 语言中，函数的数据类型是指（　　）。
   A. 函数返回值的数据类型　　　　B. 函数形参的数据类型
   C. 调用该函数时的实参的数据类型　　D. 任意指定的数据类型

2. C 程序中函数返回值的类型是由（　　）决定的。

　　A. 函数定义时指定的函数类型

　　B. 函数中使用的最后一个变量的类型

　　C. 调用函数时临时确定

　　D. 调用该函数的主调函数类型

3. C 语言规定，简单变量做实参时，它和对应形参之间的数据传递方式为（　　）。

　　A. 由系统选择　　　　　　　　　　　B. 单向值传递

　　C. 由用户指定传递方式　　　　　　　D. 地址传递

4. 在函数调用时，以下说法正确的是（　　）。

　　A. 函数调用后，必须带回返回值

　　B. 实际参数和形式参数可以同名

　　C. 函数间的数据传递不可以使用全局变量

　　D. 主调函数和被调函数总在同一个文件里

5. 在 C 语言程序中，有关函数的定义，正确的是（　　）。

　　A. 函数的定义可以嵌套，但函数的调用不可以嵌套

　　B. 函数的定义不可以嵌套，但函数的调用可以嵌套

　　C. 函数的定义和函数的调用均不可以嵌套

　　D. 函数的定义和函数的调用均可以嵌套

6. 以下对 C 语言函数的有关描述中，正确的是（　　）。

　　A. 在 C 语言程序中，调用函数时，如函数参数是简单变量，则只能把实参的值传递给形参，形参的值不能传送给实参

　　B. C 语言函数既可以嵌套定义，又可以嵌套调用

　　C. C 语言函数必须有返回值，否则不能使用函数

　　D. 在 C 语言程序中，有调用关系的所有函数必须放在同一个源程序文件中

7. 以下叙述中正确的是（　　）。

　　A. 构成 C 程序的基本单位是函数

　　B. 可以在一个函数中定义另一个函数

　　C. main( ) 函数必须放在其他函数之前

　　D. 所有被调用的函数一定要在调用之前进行定义

8. 用数组名作为函数调用时的实参时，传递给形参的是（　　）。

　　A. 数组首地址

　　B. 数组第一个元素的值

　　C. 数组全部元素的值

　　D. 数组元素的个数

9. 有如下程序：

```
int func(int a,int b)
{
```

```
return(a + b);
}
main( )
{
int  x = 2,y = x,z = 8,r;
r = func(func(x,y),func(y,z));
printf("%d\n",r); }
```

该程序的输出的结果是(　　)。

A. 12　　　　　B. 13　　　　　C. 14　　　　　D. 15

10. 以下程序的输出结果是(　　)。

```
int  a, b;
void fun( )
{   a = 100; b = 200; }
main( )
{   int a = 100, b = 100;
    fun( );
    printf("%d%d\n", a,b);
}
```

A. 100200　　　　B. 100100　　　　C. 200100　　　　D. 200200

11. 下列说法中正确的是(　　)。

A. 局部变量在一定范围内有效,且可与该范围外的变量同名

B. 如果一个源文件中,全局变量与局部变量同名,则在局部变量范围内,局部变量不起作用

C. 局部变量缺省情况下都是静态变量

D. 函数体内的局部静态变量,在函数体外也有效

12. 在 C 语言中,表示静态存储类别的关键字是(　　)。

A. auto　　　　B. register　　　　C. static　　　　D. extern

13. 未指定存储类别的局部变量,其隐含的存储类别为(　　)。

A. auto　　　　B. static　　　　C. extern　　　　D. register

二、分析以下程序运行结果

1.
```
#include <stdio.h>
int fun(int n)
{
 int i,s = 1;
  for(i = 1;i <= n;i ++)
    s *= i;
  return s;
 }
main( )
```

```
      {
         int i,s = 0;
         for(i = 1;i <= 4;i ++)
          s += fun(i);
         printf("s = %d\n",s);
      }
   2. #include < stdio.h >
      int fun(int x,int y)
      {
      static int m = 0,i = 2;
      i +=m + 1; m = i + x +y;
      return m;
       }
      main( )
      {
      int j = 1,m =1,k;
      k = fun(j,m); printf("%3d",k);
      k = fun(j,m); printf("%3d\n",k);
      }
```

基础能力训练

1. 自定义函数完成 strcpy 的功能，并在主函数中测试。
2. 自定义函数完成 strlen 的功能，并在主函数中测试。
3. 自定义函数完成 strcat 的功能，并在主函数中测试。
4. 自定义函数实现数组元素的逆置，并在主函数中测试。
5. 函数嵌套调用应用：编写函数实现给出的年月日是该年的第几天。

拓展能力训练

编写一个函数，由实参传来一个字符串，统计此字符串中字母、数字、空格和其他字符的个数，在主函数中输入字符串以及输入上述的结果。

任务2.3 实现学生信息的排序

知识图谱

任务要点

排序算法是C语言程序设计中的常见算法，其中冒泡排序是最经典的交换排序算法。可以利用循环实现排序，也可以利用递归函数来实现。

基础巩固

一、选择题

1. C语言中对函数的描述，正确的是（　　）。
   A. 可以嵌套调用，不可以递归调用
   B. 可以嵌套定义
   C. 嵌套调用、递归调用均可
   D. 不可以嵌套调用

2. 用冒泡排序对4、5、6、3、2、1进行从小到大排序，第三趟排序后的状态为（　　）。
   A. 4 5 3 2 1 6   B. 4 3 2 1 5 6
   C. 3 2 1 4 5 6   D. 2 1 3 4 5 6

3. 有一组数，顺序是"4、7、8、1、9"，用冒泡排序将这组数从小到大排序，第二趟第二次对比的两个数是（　　）。
   A. 1 4   B. 4 7
   C. 1 7   D. 1 8

二、分析以下程序运行结果

```
#include<stdio.h>
int fun(int x)
{
int p;
if(x==0||x==1) return 0;
p=x-fun(x-2);
return p;
}
void main()
{
printf("%d\n",fun(9));
}
```

基础能力训练

1. 定义一个整型数组包含10个元素，对其进行降序排列。
2. 定义5个字符串，对其进行升序排列。

拓展能力训练

运用递归法将一个整数n转化成字符串，例如输入一个438，应输出字符串"4 3 8"，n的位数不确定。

任务2.4 实现学生信息快速访问

知识图谱

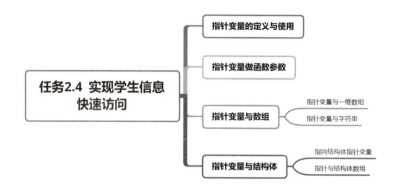

任务要点

指针是 C 语言中的一个重要概念,也是 C 语言的一个重要特色。正确而灵活地运用它,可以有效地表示复杂的数据结构;能动态分配内存;能方便地使用字符串;有效而灵活地使用数组;在调用函数时,能改变主调函数中的值;能直接处理内存地址等。

基础巩固

一、选择题

1. 在 C 语言中,变量的指针是指该变量的（   ）。
   A. 值   B. 名   C. 地址   D. 一个标志
2. 在 int a = 3,*p = &a; 中,*p 的值是（   ）。
   A. 变量 a 的地址值   B. 无意义   C. 变量 p 的地址值   D. 3
3. 有语句 int a[5] = {1,2,3,4,5};,则 *(a + 2)的值是（   ）。
   A. 2   B. 3   C. 1   D. 4
4. 有如下定义:int a[10],*p = a;,则对数组元素引用错误的是（   ）。
   A. *(a + 8)   B. *p   C. *(p + 5)   D. *(a + 10)
5. 有如下定义:char *p = "hello!",则执行语句"puts(p + 2);"的结果是（   ）。
   A. hello!   B. llo!   C. lo!   D. 程序出错!
6. 当调用函数时,实参是一个数组名,则向函数传送的是（   ）。
   A. 数组的长度   B. 数组的首地址
   C. 数组每一个元素的地址   D. 数组每个元素中的值
7. 已有定义:int k = 2; int *pk1,*pk2;,且 pk1 和 pk2 均已指向变量 k,下面不能正确执行的赋值语句是（   ）。
   A. k = *pk1 + *pk2;   B. pk2 = k;
   C. pk1 = pk2;   D. k = *pk1 * (*pk2);
8. 若有说明:int i,j = 2,*p = &j;,则能完成 i = j 赋值功能的语句是（   ）。
   A. i = *p;   B. *p = &j;   C. i = &j;   D. i = **p;

9. 以下定义语句中，错误的是（　　）。
   A. int a[ ] = {1,2};
   B. char a[3];
   C. char s[ ] = "test";
   D. int n = 5, a[n];
10. 以下不能正确进行字符串赋初值的语句是（　　）。
    A. char str[5] = "good!";
    B. char str[ ] = "good!";
    C. char * str = "good!";
    D. char str[5] = {'g','o','o','d'};
11. 若有说明：int n = 2, *p = &n, *q = p;，则以下非法的赋值语句是（　　）。
    A. p = q;
    B. *p = *q;
    C. n = *q;
    D. p = n;
12. 有以下程序：

```
#include <stdio.h>
#include <string.h>
void main()
{
char *p = "abcde\0fghijk\0";
printf("%d\n",strlen(p));
}
```

程序运行后的输出结果是（　　）。
    A. 12
    B. 15
    C. 6
    D. 5
13. 若有语句：int *p, a = 4; p = &a;，下面均代表地址的一组选项是（　　）。
    A. a,p,*&a
    B. &*a,&a,*p
    C. *&p,*p,&a
    D. &a,&*p,p
14. 下面程序的运行结果是（　　）。

```
#include <stdio.h>
#include <string.h>
void main()
{
char *s1 = "AbDeG";
char *s2 = "AbdEg";
s1 += 2;
s2 += 2;
printf("%d\n",strcmp(s1,s2));
}
```

    A. 正数
    B. 负数
    C. 零
    D. 不确定的值
15. 若有说明语句：

```
char a[ ] = "It is mine";
char *p = "It is mine";
```

则以下不正确的叙述是（　　）。

A. a + 1 表示的是字符 t 的地址

B. p 指向另外的字符串时，字符串的长度不受限制

C. p 变量中存放的地址值可以改变

D. a 中只能存放 10 个字符

16. 以下正确的程序段是（   ）。

A. char str[20]；scanf("%s",str)； B. char *p；scanf("%s",p)；
C. char str[20]；scanf("%s",&str[2])； D. char str[20],*p=str；scanf("%s",p[2])；

17. 若有说明：int *p,m=5,n；，以下正确的程序段是（   ）。

A. p=&n；scanf("%d",&p)； B. p=&n；scanf("%d",*p)；
C. scanf("%d",&n)；*p=n； D. p=&n；*p=m；

18. 设有以下程序段：

```
char s[] = "china";char *p;p = s;
```

则以下叙述正确的是（   ）。

A. s 和 p 完全相同
B. 数组 s 中的内容与指针变量 p 中的内容相等
C. s 数组的长度和 p 所指向的字符串的长度相等
D. *p 与 s[0] 相等

二、分析以下程序的运行结果

1.
```
#include<stdio.h>
void main()
{int a[10]={0,1,2,3,4,5,6,7,8,9},s,i,*p;
s=0;p=a;
for(i=0;i<10;i++)
s+=*(p+i);
printf("%d\n",s);
}
```

2.
```
#include<stdio.h>
void ss(char *s,char t)
{
while(*s){
if(*s==t) *s=t-'a'+'A';
s++;}
}
void main(){
char str[100]="abcddfefdbd",c='d';
ss(str,c);
printf("%s\n",str);
}
```

3.
```
#include<stdio.h>
void fun(int *p)
{
*p=5;
```

}
void main()｛
int x=3;
fun(&x);
printf("x=%d\n",x);
}

4. #include<stdio.h>
#include<string.h>
void main()
{
   char p1[50]="abc",p2[50]="abc",str[50]="abc";
   strcpy(str+1,strcat(p1,p2));
   puts(str);
}

基础能力训练

1. 利用指针变量实现函数 strlen 的功能。
2. 利用指针变量实现一维数组的逆置，逆置的实现运用函数。
3. 利用指针变量实现 3 个字符串由小到大顺序输出。

拓展能力训练

运用指针实现将用户输入的字符串中的所有数字提取并输出，具体功能在函数中实现。

任务 2.5　实现学生信息的存储

知识图谱

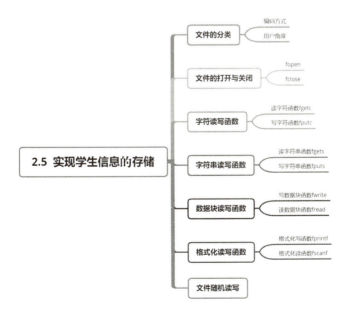

任务要点

所谓文件，一般指存储在外部介质上数据的集合，是数据的组织形式。通过文件，可以保存数据于外部存储介质，文件的操作函数能够实现数据的读取，实现不同程序、不同机器之间的数据共享。

基础巩固

1. 若要用 fopen 函数打开一个新的二进制文件，该文件要既能读也能写，则文件打开方式字符串应是（　　）。

   A. "ab+"　　　　B. "wb+"　　　　C. "rb"　　　　D. "ab"

2. fscanf 函数的正确调用形式是（　　）。

   A. fscanf(fp,格式字符串,输出表列)；

   B. fscanf(格式字符串,输出表列,fp)；

   C. fscanf(格式字符串,文件指针,输出表列)；

   D. fscanf(文件指针,格式字符串,输出表列)；

3. 在 C 语言中，对文件的存取以（　　）为单位。

   A. 记录　　　　B. 字节　　　　C. 元素　　　　D. 簇

4. 下面的变量表示文件指针变量的是（　　）。

   A. FILE *fp　　　B. FILE fp　　　C. FILER *fp　　　D. file *fp

5. 在 C 语言中，下面对文件的叙述，正确的是（　　）。

   A. 用"r"方式打开的文件只能向文件写数据

   B. 用"R"方式也可以打开文件

   C. 用"w"方式打开的文件只能用于向文件写数据，且该文件可以不存在

   D. 用"a"方式可以打开不存在的文件

6. 在 C 语言中，当文件指针变 fp 已指向"文件结束"，则函数 feof(fp) 的值是（　　）。

   A. .t.　　　　B. .F.　　　　C. 0　　　　D. 1

7. 在 C 语言中，如果要打开 C 盘一级目录 ccw 下名为"ccw.dat"的二进制文件用于读和追加写，则调用打开文件函数的格式为（　　）。

   A. fopen("c:\\ccw\\ccw.dat","ab")　　　B. fopen("c:\\ccw.dat","ab+")

   C. fopen("c:ccw\\ccw.dat","ab+")　　　D. fopen("c:\\ccw\\ccw.dat","ab+")

8. 标准库函数 fgets(s,n,f) 的功能是（　　）。

   A. 从文件 f 中读取长度为 n 的字符串存入指针 s 所指的内存

   B. 从文件 f 中读取长度不超过 n-1 的字符串存入指针 s 所指的内存

   C. 从文件 f 中读取 n 个字符串存入指针 s 所指的内存

   D. 从文件 f 中读取长度为 n-1 的字符串存入指针 s 所指的内存

9. 在内存与磁盘频繁交换数据的情况下，对磁盘文件的读写最好使用的函数是（　　）。

   A. fscanf，fprintf　　B. fread，fwrite　　C. getc，putc　　D. putchar，getchar

10. 下列程序的主要功能是（　　）。

```
#include "stdio.h"
main()
{FILE *fp;
long count = 0;
fp = fopen("q1.c","r");
while(! feof(fp))
{fgetc(fp);count ++ ;}
printf("count = % ld\n",count);
fclose(fp);
}
```

A. 读文件中的字符　　　　　　　B. 统计文件中的字符数并输出
C. 打开文件　　　　　　　　　　D. 关闭文件

11. 在 C 语言中，常用如下方法打开一个文件：

```
if((fp = fopen("file1.c","r" )) == NULL)
{printf("cannot open this file \n");exit(0);}
```

其中，函数 exit(0)的作用是（　　）。

A. 退出 C 程序

B. 退出所在的复合语句

C. 当文件不能正常打开时，关闭所有的文件，并终止正在调用的过程

D. 当文件正常打开时，终止正在调用的过程

基础能力训练

1. 读出硬盘上的某个文本文件，并将其内容全部读出，显示在屏幕上。
2. 从键盘输入一个字符串，将其中的小写字母全部转换成大写字母，然后写入磁盘文件 "test.txt" 中，输入的字符串以 "!" 结束，并将字符打印在屏幕上。

拓展能力训练

编写程序：把一个有 3 个职工信息的结构数组的内容写入文件中，并显示出所有职工的信息。

附录2 ASCII 码值对照表

ASCII 值	控制字符	ASCII 值	控制字符	ASCII 值	控制字符	ASCII 值	控制字符
0	NUL	32	(space)	64	@	96	`
1	SOH	33	!	65	A	97	a
2	STX	34	"	66	B	98	b
3	ETX	35	#	67	C	99	c
4	EOT	36	$	68	D	100	d
5	ENQ	37	%	69	E	101	e
6	ACK	38	&	70	F	102	f
7	BEL	39	,	71	G	103	g
8	BS	40	(	72	H	104	h
9	HT	41	)	73	I	105	i
10	LF	42	*	74	J	106	j
11	VT	43	+	75	K	107	k
12	FF	44	,	76	L	108	l
13	CR	45	-	77	M	109	m
14	SO	46	.	78	N	110	n
15	SI	47	/	79	O	111	o
16	DLE	48	0	80	P	112	p
17	DCI	49	1	81	Q	113	q
18	DC2	50	2	82	R	114	r
19	DC3	51	3	83	X	115	s
20	DC4	52	4	84	T	116	t
21	NAK	53	5	85	U	117	u
22	SYN	54	6	86	V	118	v
23	TB	55	7	87	W	119	w
24	CAN	56	8	88	X	120	x
25	EM	57	9	89	Y	121	y
26	SUB	58	:	90	Z	122	z
27	ESC	59	;	91	[	123	{
28	FS	60	<	92	/	124		
29	GS	61	=	93	]	125	}
30	RS	62	>	94	^	126	~
31	US	63	?	95	—	127	DEL

附录3 运算符和结合性

优先级	运算符	含义	要求运算对象的个数	结合方向
1	( ) [ ] -> .	圆括号 下标运算符 指向结构体成员运算符 结构体成员运算符		自左至右
2	! ++ -- - (类型) * & ~ sizeof	逻辑非运算符 自增运算符 自减运算符 负号运算符 类型转换运算符 指针运算符 地址运算符 按位取反运算符 长度运算符	1 (单目运算符)	自右至左
3	* / %	乘法运算符 除法运算符 求余运算符	2 (双目运算符)	自左至右
4	+ -	加法运算符 减法运算符	2 (双目运算符)	自左至右
5	<< >>	左移运算符 右移运算符	2 (双目运算符)	自左至右
6	<<= >>=	关系运算符	2 (双目运算符)	自左至右
7	== !=	等于运算符 不等于运算符	2 (双目运算符)	自左至右
8	&	按位与运算符	2 (双目运算符)	自左至右

续表

优先级	运算符	含义	要求运算对象的个数	结合方向
9	^	按位异或运算符	2（双目运算符）	自左至右
10	|	按位或运算符	2（双目运算符）	自左至右
11	&&	逻辑与运算符	2（双目运算符）	自左至右
12	||	逻辑或运算符	2（双目运算符）	自左至右
13	?:	条件运算符	3（三目运算符）	自右至左
14	= += -= *= /= %= <<= >>= &= ^= |=	赋值运算符	2（双目运算符）	自右至左
15	,	逗号运算符（顺序求值运算符）		自左至右

说明：

（1）同一优先级的运算符，运算次序由结合方向决定。例如，*与/具有相同的优先级别，其结合方向为自左向右，因此3*4/5的运算次序是先乘后除。-和++为同一优先级，结合方向为自右向左，因此，-i++相当于-(i++)。

（2）不同运算符要求有不同的运算对象个数，如+(加)和-(减)为双目运算符，要求在运算符两侧各有一个运算对象（如5+8、9-7等）。而++和-(负号)运算符是单目运算符，只能在运算符的一侧出现一个运算对象（如-a、i++、--i、*p等）。

（3）条件运算符是C语言中唯一的三目运算符，如a>b?a:b。

（4）单目运算符的优先级别高于所有的双目运算符以及三目运算符，逗号运算符的优先级别最低。

（5）这么多种运算符，很多情况下优先级容易记错，有一个顺口溜可以帮助读者快速记住大部分的优先级顺序，为了便于记忆，这里将位运算称为逻辑位运算。

算术　关系　和逻辑，移位　逻辑位　插中间

附录 4　位运算

前面介绍的各种运算都是以字节作为最基本位进行的。但在很多系统程序中，常要求在位（bit）一级进行运算或处理。这种位一级的运算和处理功能通常由低级语言（如汇编语言）来提供，一般的高级语言都不能提供这种运算和处理功能。而作为高级语言的 C 语言却提供了位运算的功能，这使得 C 语言也能像汇编语言一样用来编写系统程序，这也是 C 语言优于其他高级语言之处。

位运算是指对存储单元中的数按二进制位进行运算的方法。例如，将一个存储单元中的各二进制位左移或者右移一位、两位……，将一个数的其中某一个位设置成"0"或者"1"等。

C 语言提供了 6 种位运算符：

&　按位与运算符

|　按位或运算符

^　按位异或运算符

~　按位取反运算符

<<　左移运算符

>>　右移运算符

说明：

（1）位运算符中除了"~"是单目运算符外，其他均为二目运算符。

（2）参与运算的量只能是整型或者字符型的数据，不能为实型数据。

（3）参与位运算的数据在运算过程中都以二进制补码形式出现。

1. 按位与运算（"&"）

其功能是参与运算的两数各对应的二进位相与。只有对应的两个二进位均为 1 时，结果位才为 1，否则为 0。

例如：9&5 可写为如下算式：

　　　00001001　　　　（9 的二进制补码）

　　&00000101　　　　（5 的二进制补码）

　　　00000001　　　　（1 的二进制补码）

可见 9&5 = 1。

按位与运算通常用来对某些位清 0 或保留某些位。例如，把 a 的高八位清 0，保留低八位，可作 a&255 运算（255 的二进制数为 0000000011111111）。

"按位与"运算与"逻辑与"运算都是双目运算符，但请注意不要将两者混淆。

例 1：`#include<stdio.h>`

```
void main()
{
int a =10,b =5;//定义整型变量并初始化
if(a&&b)   printf("(1)＊ ＊ ＊\n");
else       printf("(1)＃＃＃\n");
if(a&b)    printf("(2)＊ ＊ ＊\n");
else       printf("(2)＃＃＃\n");
}
```

程序的运行结果是：

```
(1)* * *
(2)# # #
Press any key to continue
```

程序分析：10&&5 运算，"&&"两边的运算量均为非 0，结果就为 1，条件成立，因此输出 if 后的语句；10&5 进行按位与运算，结果为 0，故条件不成立，输出 else 后的语句。

2. 按位或运算("|")

其功能是参与运算的两数各对应的二进位相或。只要对应的两个二进位有一个为 1 时，结果位就为 1。

例如：9|5 可写如下算式：

    00001001
|00000101
    00001101　　　（十进制为 13）

可见 9|5 =13。

按位或的特殊用途：常用来对一个数据的某些位置 1。"按位或"运算与"逻辑或"运算都是双目运算符，但请注意不要将两者混淆。

3. 按位异或运算("^")

其功能是参与运算的两数各对应的二进位相异或。如果两个相应位为"异"（值不同），则该位结果值为 1，否则为 0。

例如：9^5 可写成如下算式：

    00001001
^00000101
    00001100　　　（十进制为 12）

异或运算的应用：可以使特定位翻转。

4. 按位取反运算("~")

其功能是对参与运算的数的各二进位按位求反，即将 1 变成 0，0 变成 1。

例如：~9 的运算为：

    ~(0000000000001001)

结果为 1111111111110110。

注意：按位取反运算符是单目运算符，它的优先级别比算术运算、关系运算、逻辑运

算、条件运算等都高,其具有右结合性。

5. 左移运算("<<")

其功能把"<<"左边的运算数的各二进位全部左移若干位,由"<<"右边的数指定移动的位数,高位丢弃,低位补0。

例如:a<<4

指把 a 的各二进制位向左移动 4 位。如 a = 00000011(十进制 3),左移 4 位后为 00110000(十进制 48)。

6. 右移运算(">>")

其功能是把">>"左边的运算数的各二进制位全部右移若干位,">>"右边的数指定移动的位数。

例如:int a = 15, a >> 2;

表示把 000001111 右移为 00000011(十进制 3)。

应该说明的是,对于有符号数,在右移时,符号位将随同移动。当为正数时,最高位补 0,而为负数时,符号位为 1,最高位是补 0 或是补 1 主要取决于编译系统的规定,Turbo C 和很多系统规定为补 1。

例 2:
```
#include<stdio.h>
void main()
{
    unsigned a,b,c;
    printf("input a number:");
    scanf("%d",&a);
    b = a >> 5;
    c = a << 2;
    printf("a = %d\tb = %d\tc = %d\n",a,b,c);
}
```

运行结果如下:

```
input a number:32
a=32    b=1     c=128
Press any key to continue
```

移位运算符常用来使一个数乘以 2 或者除以 2,左移一位相当于乘以 2,右移一位相当于除以 2。